大成功！木村卓功
玫瑰月季栽

[日] 木村卓功 / 著　药草花园 / 译　摄影 / 福冈将之

长江出版传媒

K 湖北科学技术出版社

图书在版编目（CIP）数据

大成功！木村卓功的玫瑰月季栽培手册 /（日）木村
卓功著；药草花园译 . -- 武汉：湖北科学技术出版社，
2016.4（2023.6，重印）
ISBN 978-7-5352-8245-3

Ⅰ.①大… Ⅱ.①木…②药… Ⅲ.①玫瑰花－观赏
园艺－手册 Ⅳ.① S685.12-62

中国版本图书馆 CIP 数据核字 (2015) 第 223455 号

バラの家　木村卓功の大成功のバラ栽培
ⓒTAKUNORI KIMURA & HACHIGATSUSHA 2013
Originally published in Japan by HACHIGATSUSHA
Translation rights arranged with Shufunotomo Co., Ltd.
Through TUTTLE-MORI AGENCY, INC.

大成功！木村卓功的玫瑰月季栽培手册
DACHENGGONG! MUCUN ZHUOGONG DE MEIGUI YUEJI ZAIPEI SHOUCE

责任编辑：张丽婷
封面设计：胡　博
出版发行：湖北科学技术出版社 www.hbstp.com.cn
地　　址：武汉市雄楚大街 268 号出版文化城 B 座 13-14 层
电　　话：027-87679468　　邮　　编：430070
印　　刷：武汉市金港彩印有限公司　　邮　　编：430023
开　　本：889×1092　1/16
印　　张：8
版　　次：2016 年 4 月第 1 版
印　　次：2023 年 6 月第 7 次印刷
定　　价：48.00 元

　　从 2010 年绿手指首次引进了日本武藏出版社的《玫瑰花园》一书起，不知不觉中已经过去 6 年时间。在这 6 年中，国内的园艺界发生了翻天覆地的变化，家庭园艺进一步普及，玫瑰与月季爱好者与日俱增，每年冬季都有大批玫瑰进口苗涌入。英国苗、法国苗、德国苗以及之后盛行的日本苗，我国的玫瑰品种已经多到不输于任何一个园艺发达国家。

　　曾经在《玫瑰花园》里还是那么陌生拗口的品种名，如今已经被花友津津乐道；曾经在高端品种收藏家中也一苗难求的奥斯汀玫瑰，如今身价也一降再降，出现在街头巷尾的寻常花市。

　　而我作为深爱玫瑰的一员，也在这普及大潮中随波逐流，强迫症般地买买买和种种种，新品种堆满了花园中的每个角落，等到冷静下来回首满目疮痍的花园，才发现很多花苗还没有得到呵护就因各种原因死死死，很多品种甚至没有真正得到发挥光彩的机会就被换换换。直到家中的玫瑰品种减少到一半时，我才真正开始认真思考，在买买买之后是否该花点时间学习怎么买，在种种种之后是否该花点时间学习怎么种呢？

　　抱着这个目的，2014 年春季我和绿手指编辑部的成员同去日本参观了日本玫瑰园艺展，并游览了数个以玫瑰为主题的花园，之后又到书店和出版社与日本园艺界的同仁交流洽谈，经过慎重的挑选和协商，最终才决定引进这套《绿手指玫瑰大师系列》丛书。

　　第一辑丛书共有 4 本，分别是面对初级爱好者的《玫瑰月季栽培 12 月计划》和《人气玫瑰月季盆栽入门》以及针对中级爱好者的《大成功！木村卓功的玫瑰月季栽培手册》和《全图解玫瑰月季爆盆技巧》。

　　《大成功！木村卓功的玫瑰月季栽培手册》作者为日本知名玫瑰大师木村卓功。书中从玫瑰的历史到育种的经验之谈，从品种的选择到花园中每个场景的运用要诀，木村大师畅谈了玫瑰栽培的方方面面。本书处处可见来自实践操作的真知灼见，堪称这位玫瑰大师的集大成之作。

　　在翻译这 4 本书的时候我发现日本的园艺家们提出了很多我们平时还没有关注到的问题，这些问题恰好是很多人在栽培时容易产生困惑的地方，在此我简单列举如下，以便大家在阅读时留意。

　　1. "欧月"既不是药罐子，也不是肥篓子

　　从 2009 年后，我国开始流行英国奥斯汀玫瑰以及一些欧洲和日本的新品种，很多人称之为"欧月"，反之将此前国内常见的杂交茶香月季称为"国月"。这种称呼会让人产生误解，认为它们都是"月季"，在栽培和管理上没有什么不同。

关于"国月"的栽培有一首打油诗："它是一个药罐子，也是一个肥篓子，冬天剪成小和尚，春天开成花姑娘。"但是，以奥斯汀品种为代表的"欧月"，株形更多样、开花习性也更复杂，管理手法上如果采取针对杂交茶香月季的大肥、大水、大药和一刀切式强剪，就很难发挥出它的优势。这也就是为什么奥斯汀玫瑰在国内引进极多，但种出效果的花园并不多见的原因吧。

在栽培"欧月"时请首先记住的一条就是："欧月"既不是药罐子，也不是肥篓子，冬天剪成小和尚，春天可能还是一个小和尚。

2. 一年之计在于夏

四季分明的温带环境对玫瑰的生长是最有利的，在园艺和玫瑰大国的英国，夏季是玫瑰最好的时节。

而在我国的长江流域，夏季却代表漫长的梅雨和之后难耐的高温，不仅所有的春花在入夏后都会停止生长或变形，由黑斑病或红蜘蛛引起的落叶还会让植株衰弱，导致开不出秋花，更严重时还可能导致植株死亡。所以，对我们而言，夏季不单毫无美好可言，简直是个危机重重的季节。

在这个系列丛书里，同样为这种气候条件烦恼的日本园艺家们提出了很多度夏的精到见解，例如针对盆栽玫瑰进行地表隔离操作防止高温伤害根系、进行适度的夏季修剪来放弃夏花保秋花，等等。同时，他们也指出了很多我们在栽培时常犯的错误，例如把黑斑病的所有叶片都剪除，会严重伤害植物，是不可取的做法。

春季的花朵令人陶醉，冬季的修剪也让人向往，但是夏季的避暑措施，才是玫瑰管理中的重中之重。

记住，最可恶的季节恰好是最重要的季节。

3. "牙签－卫生筷－铅笔"的修剪方法

很多园艺爱好者在最初接触玫瑰时，都会被复杂的修剪方法难住，结果不是拿起剪刀无从下手，就是干脆拦腰一剪，将玫瑰剪成"小光头"。

翻阅这几本书时，我发现几位大师都不约而同地介绍了一个有趣的修剪标准——按照不同的品种来针对不同粗细的枝条进行修剪，即对小花型品种的枝条剪到牙签粗细的位置、对中花型品种的枝条剪到卫生筷粗细的位置、对大花型品种的剪到铅笔粗细的位置。

记住"牙签－卫生筷－铅笔"，在冬季修剪的时候就不会再拿着剪刀就犯愁了。

4. 为什么叫玫瑰而不是月季？

在这套《绿手指玫瑰大师系列》丛书中介绍的不仅有传统的杂交茶香月季，也包括了大量的原生蔷薇和古典玫瑰。因此，需要找一个词来代表所有蔷薇属植物，也就是来翻译英语里的 ROSE，日语的 BARA，最后，我们选择了玫瑰。

作为目前这个时代人们最爱的花卉（没有之一），玫瑰不仅仅是一种园艺植物，也是一种文化植物，它除了具有本身生物学上的特性，也包含了更多丰富的文化意味。如果玫瑰无法代表对爱与美的向往，还会有几个人种玫瑰呢？

不过，月季迷和科学控可以放心，这套丛书在分类部分的记述都是很明确的，绝对不会外行到把杂交茶香月季或中国月季叫作杂交茶香玫瑰和中国玫瑰的。

每个人心中都有一座玫瑰园。付出爱，收获美，这一定就是我们为什么要种玫瑰的原因。

要知道结果，就立刻翻开书吧！

药草花园

作者中文序

各位中国的玫瑰爱好者，初次和你们联系。

本次得知我的书籍中文版发售，非常高兴。

玫瑰的近代育种是 200 年前从法国开始的，然后传遍整个欧洲，最后经由美国到了日本。

在这 200 年的育种中玫瑰的花色、花形、香气和株型都不断进化。今日，这些深富魅力的花儿让无数人为之倾慕。

玫瑰都是以北半球的野生种及之后的园艺种为基本杂交而成的。

其中中国自古就有的野生种和栽培种带来了稳定的四季开放性，也带来了尖形的花瓣以及茶香的香气。

现在，玫瑰穿越了数百年的时光，环绕了地球一周，再次回到了中国的各位花友手中。

玫瑰在众多的花卉中被称为女王，具有其他花卉所没有的华美和绚丽。

但是我认为玫瑰的魅力远不止于此。

现代人每天都在充满压力的生活中忙碌着，在这样的生活中，闻闻亲手栽培的玫瑰花香，会发现那个已然忘掉日常烦恼、只为眼前这朵玫瑰着迷的自己，从而身心得到治愈。

所以，一定要种一次玫瑰！

这本书里，我简明地介绍了玫瑰的栽培方法和品种的选择方法。

经过你辛勤的培育，当最初的玫瑰绽放时，凝视着它，嗅嗅芳香。

你一定会感觉到人生中有玫瑰真是太好了！

木村卓功

前言

●我的心

Mon Cœur

● 灌木玫瑰 ● 灌木株型 直立型 1.8m ● 四季开花
● 中花、杯形花 ● 中香 ● 2012 年 日本 木村卓功

　　圆鼓鼓的莲座状花，具有古典玫瑰的可爱姿态。外花瓣是淡粉色，中心是深粉色。成簇开放，香气美好，四季开花。地栽的话，枝条会伸长，可以用作藤本。细长柔软的枝条在任何地方都容易牵引。也可作小灌木来盆栽。抗病性好，适合初学者。

Type 1	几乎无农药也 OK！
Type 2	只需少许药剂和肥料
Type 3	必须喷洒药剂和肥料
Type 4	需要精心养护的玫瑰

最强的玫瑰书

木村卓功
Takunori KIMURA

　　木村卓功先生拥有日本最大的专业玫瑰网店"玫瑰之家"，以"提供生命力旺盛的健壮花苗"为目标，赢得了玫瑰迷们的称赞，也获得了极佳信誉。他的网店优选了 2500 种玫瑰，包括前述所有 4 个类型。目前已成为世界级的新兴玫瑰育种家。

　　我出生在埼玉县杉户町一个从江户时代传承至今的农家，家里从父亲那代开始从事玫瑰花苗的生产。还是小学生时，我就经常帮助父亲工作——在田间培育花苗、再运到花店出售。我经常听到客人询问："玫瑰是很难种的吧？""种这些很辛苦吧？"。其实，玫瑰中虽然不乏有需要悉心打点的品种，但是大多数的玫瑰还是很强健的，不需要特别费力，也没有什么不得了的栽培技巧。

　　玫瑰有不同的类型，不同的类型有不同的优点，这也可以说是玫瑰的一大魅力吧。在这本书里我把玫瑰分成四类来介绍，大家可以根据自己的生活方式和需要来挑选适合的玫瑰类型，很轻松地享受与玫瑰一起的生活。

　　玫瑰是一种经过人类长期改良的植物，也是一种具有多面性的植物，在不断理解玫瑰这种植物的过程中，可以得到"只有玫瑰才能教给我"的全新感悟。为了完全理解玫瑰，要和玫瑰达到全身心以至全心灵的合拍。这是我父亲等先辈们教我的话，也是我每天和我的员工们说的话。

　　这本书就是我在和玫瑰们"身心合一"的过程中得到的感悟。我尽可能地把它编写得简明易懂。为了突出可读性，很多内容被我省略掉了，但是在给周边的人们试读时，他们反馈说："有很多原来不明白的地方，一下子就搞懂了！"为此我深感欣慰。

　　在体验种植玫瑰的乐趣时，了解玫瑰到底是一种什么植物是非常重要的。"玫瑰原来是这样的一种植物呀！"在我自己终于理解后，我写出了这本书。

　　如果本书能够给大家在栽培玫瑰时带来帮助，我会感到非常荣幸。

● Type 1　● Type 2　● Type 3　● Type 4　（p15 ~ 52参照）

目录 CONTENTS

玫瑰的美丽家谱

玫瑰的栽培历史可以追溯到 3000 年前，古代波斯人为了提取香料而开始种植玫瑰。经过希腊、罗马时代，玫瑰在欧洲得到广泛种植，也造就了现在被称为古典玫瑰（老玫瑰）的品种群。除了欧洲的玫瑰系统之外，东方的中国从 10 世纪开始，也有着把原生的野生蔷薇品种培育成园艺种的历史。18 世纪末，中国月季的茶香和四季开花性被带到欧洲，其中最著名的是 1867 年培育出的'法兰西'，它作为第一个具有茶香和四季开花性的玫瑰，掀起了杂交茶香月季（HT）的风潮。之后，1900 年以'金太阳'（Soleil d'Or）为代表的黄色系玫瑰登上历史舞台，这令当时的人们兴奋不已。鲜艳的黄色是古典玫瑰里从不曾有过的色彩，这个法语名为'金太阳'的品种呈橘黄色、莲座状开放，是使用了异味蔷薇（Rosa foetida）的枝变品种'波斯黄'这种黄色蔷薇作为亲本杂交而成。育种家佩内杜雪（Perner-Duche）利用'金太阳'，又培育出数种黄色系的杂交茶香月季。

随着黄色系的加入，古典玫瑰中从没有过的朱红色、橘黄色、鲑粉色、深紫色以及鲜艳的大红色新品种不断诞生出来。20 世纪最具代表性的名花'和平'，也是继承了黄色血统的月季。现在我们觉得十分普通的黄色、橙色、朱红色玫瑰，其实在'金太阳'出现之前都是不曾存在过的玫瑰的颜色。看电视或电影时，如果在 1900 年前的画面里出现了黄色或是朱红色的玫瑰，我就会自言自语地纠正："这根本是没有的事嘛！"

但是，'波斯黄'是一种对黑斑病特别敏感的玫瑰，在它带给玫瑰家族黄色基因后，随着玫瑰花色划时代的增加，抵抗黑斑病的能力日益减弱，而且株形松散、不成树形的玫瑰越来越多。作为丰富色彩和华丽美感的代价，杂交茶香月季（HT）的性质越来越弱。第二次世界大战后，随着经济发展，世界各地对化肥和农药的使用也更加广泛，人们反而积极地接受了这种需要喷洒药剂、大量使用肥料的美丽玫瑰。

为了进一步增加花色，人们将这些抗病性差的品种反复杂交。在追求单纯美感的过程中，近亲交配的结果造成新品种的玫瑰完全失去了它们在野生时代所具有的强健性。

在这种时代背景下，英国的大卫·奥斯汀开始用现代月季与血缘较远的古典玫瑰和其他系统的野生蔷薇（光叶蔷薇、麝香蔷薇、野玫瑰等）进行杂交，终于创作出一种既有古典玫瑰的花形与香气，又有现代玫瑰的色彩和四季开花性，更兼具强健性质的独特玫瑰系统。这就是被称为"英国玫瑰"的奥斯汀的自有品系。同时，法国的梅昂公司与德国的科德斯公司也在光叶蔷薇的蔓生后代培育上取得了成功，这些玫瑰最终造就了今日最具人气的灌木玫瑰系统。

就这样，玫瑰在漫长的历史中形成了一个彼此相连的美丽家谱，从这个美丽家谱向上回溯，我们就可以了解到现在在我们眼前开放的这朵玫瑰血统里潜藏的固有特性。通过了解这些固有特性，就可以知道怎样与它相处，并合理地栽培、管理它。为了和大爱的玫瑰更加亲密无间，让我们先来了解这个玫瑰的美丽家谱吧！

玫瑰的家谱

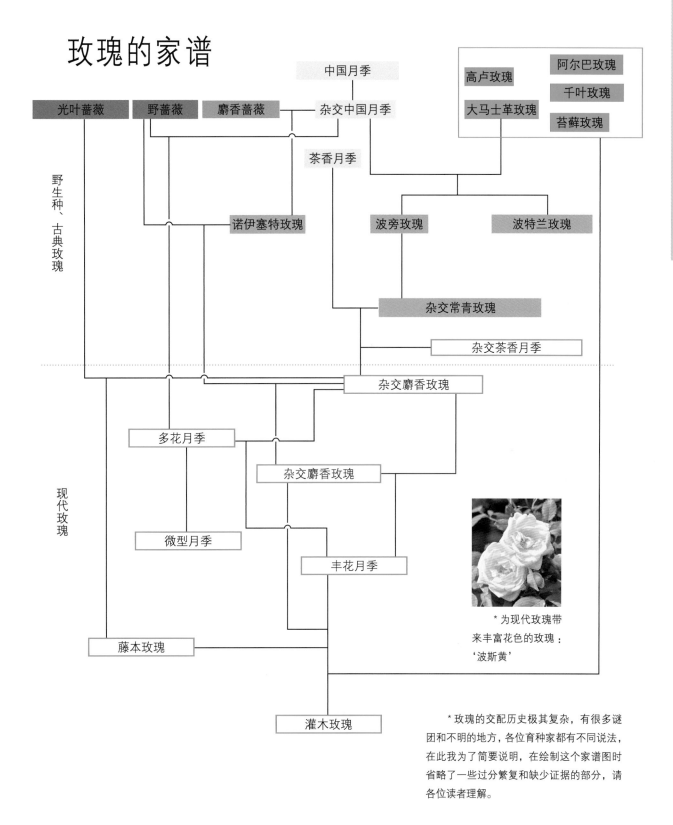

野生种、古典玫瑰

中国月季

光叶蔷薇　野蔷薇　麝香蔷薇　杂交中国月季

高卢玫瑰　阿尔巴玫瑰　千叶玫瑰　大马士革玫瑰　苔藓玫瑰

茶香月季

诺伊塞特玫瑰　波旁玫瑰　波特兰玫瑰

杂交常青玫瑰

杂交茶香月季

杂交麝香玫瑰

多花月季

杂交麝香玫瑰

微型月季

丰花月季

藤本玫瑰

灌木玫瑰

现代玫瑰

* 为现代玫瑰带来丰富花色的玫瑰：'波斯黄'

* 玫瑰的交配历史极其复杂，有很多谜团和不明的地方，各位育种家都有不同说法，在此我为了简要说明，在绘制这个家谱图时省略了一些过分繁复和缺少证据的部分，请各位读者理解。

9

从远古开始一直在西方受到热爱的古典玫瑰。强健而容易栽培，有很多令人百看不厌的美丽品种。

高卢玫瑰 Gallica Rose

株型紧凑的灌木，纤细柔软的枝条易于牵引，深粉色至红紫色系花色，具有大马士革玫瑰香气。果实也很美。过度给予肥料会发生白粉病，很多品种不能耐受乳化剂等药剂。《中国植物志》译作法国蔷薇。

● 高卢玫瑰

● '百丽克雷西'

● '法兰西荣光'

大马士革玫瑰 Damask Rose

比高卢玫瑰的枝条略粗糙，株型也稍高。容易牵引，在温暖气候里可以作为藤本栽培，白色至粉色系花色。以保加利亚的喀山拉克为首，栽培有众多作为香料的浓香品种。《中国植物志》译作突厥蔷薇。

● '哈迪夫人'

● '塞西亚纳'

● '五月花'

阿尔巴玫瑰 Alba Rose

株高 1.8m，枝条少而粗硬。作为庭院的标志植物非常美丽。白色至淡粉色系花色，浓香。叶片带有灰色，可以用作彩叶。《中国植物志》译作白蔷薇。

●'普兰迪埃夫人'

●'帕门提尔的祝福'

●'丹麦女王'

千叶玫瑰 Centifolia Rose

比大马士革玫瑰更加坚硬，有很多多刺品种，花瓣数多，粉色系花色，是仅次于大马士革玫瑰的浓香系玫瑰。千叶玫瑰也是法国皇后安托瓦内特的大爱，堪称华美感和香气的佳品。《中国植物志》译作百叶蔷薇。

●'拿破仑的羽冠'

●千叶玫瑰

●'奥兰多'

苔藓玫瑰 Moss Rose

在千叶玫瑰上生满苔藓般腺毛的感觉。香气美好，有些品种的苔藓状腺毛会发出松柏的香气。花色有深浅粉色，一部分具有反复开花性。

●'日本苔藓'

●'威廉·罗伯'

●'杨'

古典玫瑰 OLD ROSE

西方玫瑰加入了来自东方的野玫瑰、中国月季、茶香月季，玫瑰的家族更加丰富而美丽。

中国月季 China Rose

枝条细软，有较多可以紧凑栽培的品种。叶片纤细，花瓣数量也少，给人清秀的感觉。粉色至杏黄色系花色，也有一部分红色花。香气为茶香，具有西方玫瑰没有的四季开花性。

● '路易·菲利普'

● '苏菲的月季'

● '蝴蝶月季'

茶香月季 Tea Rose

比中国月季枝条粗而硬，横生性好，形成直线形的阳刚造型。半翘角花，多重开放，十分华丽。杏黄色至粉色系花色，抗黑斑性好，四季开花。

● '布拉比夫人'

● '萨夫拉诺'

● '希灵顿夫人'

诺伊塞特玫瑰 Noisette Rose

麝香玫瑰加上茶香月季与中国月季的混血品种，四季开花性强，多花，成簇开放。初期生长较慢，在花盆里培育到足够大小后再地栽比较好。花色有杏黄、黄色、粉色。

● '塞林弗雷斯蒂'

● '卡利埃夫人'

● '粉色香扑'

波特兰玫瑰 Portrand Rose

　　带有中国月季等东方血统，但是叶片还是西方系的哑光色。耐病性、耐寒性好，香气浓郁，花茎很短，直立抬头的姿态很有特色。花色有深浅粉色和红色。

● '雷斯特玫瑰'

● '雅克卡地亚'

波旁玫瑰 Bourbon Rose

　　株型高大的品种居多，粗壮的枝条伸长后从下部开始密集开花，适合栅栏和塔形花架。香气浓郁，很多品种可以反复开花。深浅粉色至红色系花色。抗黑斑性弱，需要注意。

● '路易欧迪'

● '杜鸾'

● '波旁皇后'

杂交常青玫瑰 Hybrid Perpetual Rose

　　主要血统来自波旁玫瑰，是把东西方的玫瑰集大成后形成的完美古典玫瑰。多数为藤本。花色有深红色、深杏黄色、奶黄色等，具有加入异味蔷薇血液前玫瑰所有的花色。在日本可以反复开花。

● '保罗内龙'

● '紫袍玉带'

● '里昂之星'

杂交茶香月季 Hybrid Tea Rose（HT）

增加了古典玫瑰所没有的花色，非常豪华的大花，花形是俏丽的翘角高心。需要充分施肥和喷洒药剂，是对于细心照顾会给予回报的玫瑰。

●'摩纳哥公主'　　●'加州梦想'　　●'和平'

丰花月季 Floribunda Rose（FL） - - - - - - - - - - - - - - - -

多数为多花蔷薇和 HT 杂交而成，成簇开放，株型更紧凑，给人横向张开的感觉。半翘角、平开，花形柔美。比较不耐病虫害。

●'冰山'　　●'草莓冰'　　●'香杏'

灌木玫瑰 Shurub Rose -

具有古典玫瑰的花形和香气，又有现代月季的四季开花性和丰富花色，株型有类似丰花的类型，也有半藤本到藤本的类型，和庭院的草花搭配十分容易。具有多样化的血缘，抗病性好，很多品种都适宜有机栽培。

●'格拉汉姆·托马斯' ●'美里玫瑰'　　●'索尼娅·雷克尔' ●'艾玛·汉密尔顿女士'

【玫瑰用语词典】

玫瑰原种

用于培育园艺玫瑰的品种，在园艺品种玫瑰诞生之前已经存在。现在，世界上有 3 万 ~4 万种的玫瑰品种，但是回溯可发现它们实际上来自十几个品种的原生蔷薇。

野生蔷薇

野生的蔷薇，以中国、中近东为中心，包括日本、欧洲、北美等，在北半球有 150 种原生的品种。日本野生的玫瑰有野蔷薇、光叶蔷薇、野玫瑰、筑紫蔷薇、高岭蔷薇等约 10 个品种。

灌木玫瑰

直立株型，枝头稍微下垂的半藤本性，繁茂，是野生蔷薇常见的株型。

蔓生玫瑰

继承了野蔷薇（Rosa mul-tiflora）、光叶蔷薇、常绿蔷薇（Rosa sempervirens）等血统，能够伸出较长枝条的的玫瑰系统。一季开花的品种较多。

【玫瑰的开花特性】

一季开花

经过冬季的休眠，从春季到初夏开花的玫瑰。

反复开花

春季到初夏开第一茬花，摘除残花后，可以零星开第二茬花。这样直到秋季都断续开花的品种，也有秋季不开花的品种。

多次开花

春季到初夏开第一茬花，花后修剪，持续开花到秋季。有些粗壮的笋芽会不生花芽而只长枝条。

四季开花

经过冬季休眠，春季到初夏开花，之后保持植株状况，在花后修剪。直到晚秋大约每隔 40~50 天都会开花。

	春	夏	秋
一季开花	⭘		
反复开花	⭘	○	○
多次开花	⭘	◯	◯
四季开花	⭘	◯	⭘

⭘ 花量较大

◯ 花量中等

○ 花量很少

什么玫瑰
如果有人问我推荐

'保罗的喜马拉雅麝香'
Paul's Himalayan Musk

盛开时好像樱花，格调优雅，生长旺盛，可以营造出充满幸福感的场景。

Type 1　几乎无农药也OK！

具有野生种强健性的玫瑰，粗放管理也可以茁壮成长。

'威廉·莫里斯'
William Morris

'威廉·莫里斯'是英国19世纪推动美术和工艺改革运动的美术家，被称为"现代设计之父"。以这位大师命名的玫瑰是英国玫瑰中首屈一指的名花。

Type 2　只需少许药剂和肥料

现在人气最旺的种类！
不需要花费精力也可以健壮美丽。

　　我经常被店里的客人问到"你推荐的玫瑰是什么？"，这时我会反问对方："你想要有机栽培吗？""你想要喷洒最少限度的药剂吗？"

　　你到底能够在玫瑰上花多少精力以及你希望花多少精力？你的生活方式是什么？你和玫瑰的距离是怎样呢？从思考这样的问题中，开始选出适合玫瑰的类型，今后栽培玫瑰就会轻松愉快许多。

　　在本书中，我根据栽培难易度，把玫瑰分成了四类。第一类是具有较多野生血缘、强健的玫瑰，几乎可以无农药栽培。第二类是以现在最具人气的灌木玫瑰为代表，像英国玫瑰这类。随着健壮而美丽的品种不断涌现，优秀的园艺资源不断充实，让玫瑰盛开更加容易，在普通家庭可以轻松体验种玫瑰的乐趣。

　　对于那些因为栽培的困难而犹豫不决的顾客，我特别推荐这里的第一类和第二类玫瑰。

'玛丽·菲茨威廉女士'
Lady Mary Fitzwilliam

最初由人们有意识杂交育出的早期现代玫瑰，出自英国贝奈特，是众多 HT 的亲本。

Type 3　必须喷洒药剂和肥料
精心养护的玫瑰

Type 4　需要精心养护的玫瑰
竭尽栽培技巧
体会终极乐趣

'拿铁艺术'
Latte Art

好像浓缩咖啡里加入牛奶的拿铁咖啡，开放方式多种多样，富于变化。

第三类和第四类玫瑰，是以我们花费一定的精力投入为前提的。通过栽种这两类玫瑰，你可以得到修炼栽培技巧、从而让玫瑰开得更美的极致栽培体验。

我把玫瑰大致分为这样四类，大家可以了解到不同类型的玫瑰在性质上有很大差异。栽培玫瑰应当从挑选适合自己的类型开始，也是这个原因。

另外，造成栽培玫瑰很困难的印象的另一个很大原因是，过去若干年中席卷全球的杂交茶香月季是需要精心照顾否则就不容易开好的种类，它在人们头脑中残留的棘手印象过于深刻了。而事实是很多过去适用于杂交茶香月季的栽培方法在如今不仅不适用，反而会造成栽培中的困惑。

在本书里我把玫瑰的养护方法重新做了一个整理，希望帮助喜欢玫瑰的各位更轻松地栽培它们。

野蔷薇及接受了野生种的强健个性的古典玫瑰。由野蔷薇、光叶蔷薇、野玫瑰等野生种培育出的玫瑰。

栽培要点

■不要过多干预

栽培这个类型的玫瑰时需要注意的是"不要过多干预"。给予过多肥料，会不长花芽而一味发枝条，植株徒长、虚弱，损害本来的抗病性，甚至招致白粉病的大爆发。还有些品种不耐受化学药剂，要特别注意。

■用保水性好的土壤栽培

这类玫瑰是不断吸水而旺盛生长的植物，在盆栽的时候，要选择有一定保水性的土壤栽培。

■及时换盆

玫瑰根系发达，观察根部和生长状况，在需要的时候及时换大盆。地栽的话则没有特别大的必要。

■考虑生活范围来栽植

玫瑰生长时，要考虑它的株型和长度，修剪到不会影响人的生活范围。说到木香、金樱子、'保罗的喜马拉雅麝香'等品种，经常会有人来跟我说："长太大了，怎么办？"但如果根据株型对这些品种进行合理修剪和牵引，发挥它们生长旺盛的优势，不用花太多时间就可以打造出美丽的玫瑰园，这个优点也是不可抹杀的。

■肥料

盆栽的时候，这个类型的四季开花品种每个月都要给予充足肥料。一季开花或反复开花的品种给予四季开花品种一半的量，或者间隔一倍时间施肥。地栽的时候，很多品种2~3年不施肥都可以长得很好。

■病虫害

出现病虫害时，不要随意把所有叶片剪掉，要等待玫瑰靠自身的能力来恢复。希望保持叶片美观的话，喷洒药剂较为有效。一个月一次就可以了。

这个类型的玫瑰是继承了野生品种的特性，非常结实强健的玫瑰。即使不使用肥料和农药，放手不管，也可以自然生长开花。即使因为白粉病或是黑斑病落掉全株的叶片，也能靠自身能力恢复健康，重新生发叶片，成为健壮的木本，并且毫无问题地开出美好的花朵来。

希望无农药、不费力地栽培玫瑰时，选择这种长势旺盛、生命力强的玫瑰，可以说是成功的秘诀。

另一方面，第一类玫瑰不喜欢施肥和喷药等人为干预，过多的关注反而会成为植物的负担，造成相反的效果。

第一类玫瑰首先包括若干野生原种以及古典玫瑰里具有较强野生性质的品系。例如木香、金樱子等自古以来就被栽培的品种、中国月季中的'丽江之路'，几乎不需要管理，但每年都开出壮观的花朵。此外，'阿尔巴半重瓣'等阿尔巴系玫瑰，高卢玫瑰、千叶玫瑰等西方系古典玫瑰以及东方的中国月季、茶香月季、野生玫瑰等，这些都是非常强健的品种。

另外，还有一些从野蔷薇和光叶蔷薇里派生出的玫瑰系统。一季开花的蔓生玫瑰是其中之一，初夏一季开花，保持了茁壮的长势，有很多抗病虫害性很强的品种。此外，杂交麝香玫瑰也是为了追求在花园中的种植优势而培育出的种群，它们株型更加紧凑，不会长得过大，有反复开花性，柔软的枝条可以任意造型，是非常值得推荐的一个品系。这类玫瑰的老株也能保持活力，不需要用笋芽更新，顺利的话可以成为陪伴一生的玫瑰，也就是长久的"玫瑰树"。

野蔷薇
Rosa multiflora

●野生种 ●灌木株型 横向型 2.5m
●一季开花●小花、单瓣花●淡香
●日本

　　经常被作为砧木的强健野生
品种，刺少，小叶 7~9 枚，学名
multiflora 的意思是多花。

**选择'保罗的喜马拉雅麝香'
和'白花巴比埃'
打造低维护的都市花园！**

在市中心的公寓一楼种植第一类的强健型玫瑰，
实现几乎无农药的玫瑰花园。根据株型牵引和修剪，
毫不费力地打造了梦幻般的美丽花园。

左上方的白色玫瑰是'白花巴比埃'，中间上方牵引到树上的淡粉色玫瑰是'保罗的喜马拉雅麝香'，白色长椅后方的栅栏上也同样是'保罗的喜马拉雅麝香'，栽培中没有喷洒药剂，叶片只出现少许的黑斑，完全不必在意。

黄木香
Rosa banksiae 'Lutea'

●野生种 ●藤本株型 横向型 4m ●一季开花 ●小花、重瓣花 ●淡香 ●中国

强健的野生种，几乎完全没有病虫害。可以长到 5m 以上的高度，春季开放柔和的奶黄色花，大量群生，非常壮观。

中国或日本原本野生品种，自古以来就广受人们的喜爱。适应温暖地区的风土和气候，不需要打理也可以茁壮成长。其中野蔷薇、光叶蔷薇还遗传给了众多现代玫瑰多花、枝条柔软、强健和耐寒等习性。

樱井蔷薇
Rosa uchiyamana

●野生种 ●灌木株型 横向型 2m ●一季开花
●小花、单瓣花 ●淡香 ●中国

如樱花一样可爱的花形，受到人们的喜爱，据说是野蔷薇和月季的杂交种。花朵给人清纯可爱的印象。

单瓣白木香
Rosa banksiae normalis

●野生种 ●藤本株型 横向型 4m
●一季开花 ●小花、重瓣花
●淡香 ●中国

重瓣白木香的原种，香气比重瓣更浓，开花几乎是最早的，重要的早花品种。

野玫瑰
Rosa rugosa

●野生种 ●直立株型 横向型 1.4m ●反复开花
●大花、单瓣花 ●中香 ●日本、朝鲜半岛、勘察加半岛

玫瑰一词就来自这个品种。原生种，性质强健，完全不用打理就可以开出美丽的花来。香气浓郁美好。拉丁名 *rugosa* 的意思是有皱纹的，意思是叶片有皱纹。

缫丝花 /十六夜蔷薇
Rosa roxburghii

●野生种●直立株型 横向型 1.3m ●多次开花●中花、莲座状花●淡香● 1814年前 中国西南部到东南亚

花形好像缺掉一块的月亮，所以得名十六夜蔷薇，习性强健，容易栽培，适合初学者。花蕾上有细刺。

金樱子
Rosa laevigata

●野生种●藤本株型 横向型 4m ●一季开花●中大花、单瓣花●淡香●中国

一季开花的强健品种，在阴处也可以健康生长，几乎不需要喷药。金色的花蕊和白色的大花对比鲜明，非常美丽。还有粉色的变种。

筑紫蔷薇
Rosa adenochaeta

●野生种●灌木株型 匍匐型 2m ●一季开花●小花、单瓣花●淡香●日本

九州筑紫地区原生的野蔷薇变种，花比野蔷薇大一圈，可爱的粉红色。金色的雄蕊优雅美丽。

光叶蔷薇
Rosa luciae

●野生种●藤本株型 匍匐型 5m ●一季开花●小花、单瓣花●淡香●日本，中国

叶片有蜡质光泽，和野蔷薇一起传入欧洲，是现在大受欢迎的蔓生玫瑰组的来源。柔软的枝条和匍匐性很有特色。

山椒蔷薇
Rosa hirtula

●野生种●直立株型 横向型 2.5m ●一季开花●中花、单瓣花●淡香●日本

蔷薇中唯一能长成小树的高大品种。粗壮的枝干上会剥落白色的表皮，同时刺也脱落。完全不用打理的蔷薇，因为叶片像花椒叶而得名。

接受了野生蔷薇血统和强健性的古典玫瑰

从中东到欧洲，从公元前到近代栽培而成，是西方玫瑰的基本种。高卢玫瑰、阿尔巴玫瑰、大马士革玫瑰等，在被人工栽培之前就出现了的玫瑰，长期受到人们的喜爱，自然在栽培上也无须特殊的打理。古典玫瑰，包括近代植物猎人在中国发现的玫瑰，都几乎不要农药、肥料以及人工养护。从此类型里人们无意识地筛选出喜爱的品种，形成了后来的园艺种群。

'塞西亚纳' Celsiana

●大马士革玫瑰 ●灌木株型 普通型 1.4m
●一季开花●中花、平开形花●浓香● 1732 年以前 荷兰

柔软的侧枝最宜在窗旁环绕栽培，栅栏、拱门等各种棚架也都很适合。植株健壮结实，可以有机栽培。

'丽江之路'
Lijiang Road Climber

●野生杂交种 ●藤本株型 硬枝型
4m ●一季开花●大花、杯形花
●中香● 1993 年 中国

近年在云南丽江发现的品种。香气浓郁、花量巨大，是适合初学者的品种。植株大，需要宽阔的场所栽培，否则修剪很费力。

'福琼重瓣黄'
Fortune's Double Yellow

●野生杂交种 ●藤本株型 横向型 2.5m ●一季开花●中花、杯形花●中香● 1845 年 中国 罗伯特·福琼

乳黄色底色，带有橙色、杏色和鲑粉色色晕的多变花色，极具个性。蓬松的花形很迷人，适合牵引到棚架上。

香叶蔷薇
Rosa eglanteria

●野生种 ●灌木株型 横向型 2.5m
●一季开花●小花、单瓣花
●中香●欧洲

可爱的亮粉色单瓣花，开花性好，秋季可以欣赏大量果实。耐寒性好，容易栽培，揉碎叶片会散发甘甜的苹果香。

'阿尔巴半重瓣'
Alba Semi-plena

●阿尔巴玫瑰 ●灌木株型 普通型 2m ●一季开花
●中花、平开形花 ●中香 ● 1754 年以前

在美丽的灰绿色叶丛间绽开纯白的可爱花朵，半重瓣。健康，容易培育，适合初学者，清淡的香气，秋季可以欣赏到果实。

'罗莎蒙迪'
Rosa Mundi

●高卢玫瑰 ●灌木株型 普通型 1.2m ●一季开花
●中花、平开形花 ●浓香 ● 1581 年

作为香料栽培的高卢玫瑰的枝变品种，株形紧凑，白色和粉色的条纹花，具有大马士革式的浓郁芳香。

'保罗的喜马拉雅麝香'
Paul's Himalayan Musk

●蔓生玫瑰 ●藤本株型 横向型 5m ●一季开花 ●小花、球形花
●淡香 ● 1916 年 英国 保罗

优雅的花色和柔软的枝条，长势旺盛，生长强劲。适合大型的栅栏和宽阔的墙壁，可以改变周围氛围。刺尖而硬，注意选择栽植的场地。

大马士革玫瑰
Rosa damascena

●大马士革玫瑰 ●灌木株型普通型 1.5m ●一季开花 ●中花、平开形花 ●浓香 ● 1560年以前 中近东

松散的亮粉色花朵，香气极佳。自古以来被用作香料品种。来源年代久远不可考，大约是在土耳其诞生。

'黎塞留主教'
Cardinal de Richelieu

●高卢玫瑰 ●灌木株型 普通型 1.4m ●一季开花 ●中花、莲座状花 ●浓香 ● 1847 年以前 比利时 Parmentier

莲座状开放，布满全株，是古典玫瑰的代表性品种。直立型灌木植株，适合拱门、栅栏及塔形花架。

'高卢紫'
Ombrée Parfaite

●高卢玫瑰 ●灌木株型 普通型 1.2m ●一季开花 ●小花、莲座状花 ●浓香 ● 1823 年以前 法国 Vibert

带有蓝色的紫红色莲座状花，花形虽小却姿态十分美妙。香气浓厚，稍微深度修剪也可以密集开花，保持自然株形最佳。

'粉唇'
Hebe's Lip

●大马士革玫瑰 ●灌木株型 普通型 1.2m ●一季开花 ●中花、半重瓣花 ●中香 ● 1829 年以前 英国 Lee

花量大，可以开成一片。花朵娇柔，但是植株却很强健，中等程度的大马士革式香气。

'列达'
Léda

●大马士革玫瑰 ●灌木株型 普通型 1.3m ●一季开花●中花、莲座状花●中浓香● 1827 年以前 英国

莲座状花，白色花边缘染有红晕，中心是纽扣眼，格外美丽。植株硬朗，紧凑的灌木株型非常好打理。

'卡赞勒克'
Kazanlik

●大马士革玫瑰 ●灌木株型 普通型 1.6m ●一季开花●中花、莲座状花●浓香● 1700 年以前

保加利亚的卡赞勒克附近用作香料栽培的玫瑰品种，明亮的粉色花瓣松散轻盈，香气极佳。长势旺盛，易于栽培。

'伊斯法罕'
Ispahan

●大马士革玫瑰 ●灌木株型 普通型 1.5m ●一季开花●中花、莲座状花●浓香● 1832 年以前

中等粉色和淡粉色交糅的花色，香气宜人。松散的花形非常可爱。名字来自中世纪伊朗的一个美丽城市。

'超级托斯卡'
Tuscany Superb

●高卢玫瑰 ●灌木株型 横向型 1m ●一季开花●中花、莲座状花●浓香● 1837 年以前 英国 Thomas Rives & son Ltd

有着天鹅绒质感的美花，株型紧凑，香气极佳。冬季不要重度修剪，这样开花更多，是'托斯卡'的枝变品种。

'卡门内塔'
Carmenetta

●杂交紫叶蔷薇 ●灌木株型 普通型 1.5m ●一季开花 ●小花、单瓣花 ●淡香● 1923 年 加拿大 Preston

紫叶玫瑰与野玫瑰的杂交种，耐热，容易栽培。带有红晕的灰紫色叶非常美丽，观赏价值极高。秋季可以欣赏到玫瑰果。

'拉伊莱'
Red Nelly

●杂交野玫瑰 ●灌木株型 普通型 1.5m ●一季开花●中花、莲座状花●中香● 1923 年 法国 Cochet

野玫瑰的杂交种，耐寒和耐海风侵蚀。深紫红色花在野玫瑰类中非常豪华。抗病性好，不用打理就可以健康生长和持续开花。

以野生品种为亲本的野生杂交种

以野玫瑰、紫叶蔷薇、多刺蔷薇等作为亲本，既有强健的习性，又有华美花形的野生杂交种。玫瑰的特点是带有深皱纹路的叶片，紫叶蔷薇有紫色的茎和叶，多刺蔷薇遍布尖刺，这是非常有野生魅力的一个类型。

'安妮·恩特'
Anne Endt

●杂交野玫瑰 ●灌木株型 普通型 1.2m ●反复开花●中花、单瓣花●中香● 1978年 新西兰 Steen

野玫瑰与多叶蔷薇的杂交种，所以花瓣的透明感和艳红色都得到提升。枝叶和株型保持野玫瑰系的特点，线条纤细，优雅迷人。

'红奈丽'
Roseraie de l'Hay

●杂交多刺蔷薇 ●灌木株型 横向型 1m ●一季开花●中花、单瓣花●淡香

枝条柔软，略带蓝色的玫红色花与金黄色的雄蕊对比鲜明，令人陶醉。花后结出黑色果实，也值得观赏。

'白格鲁滕'
White Grootendorst

●杂交野玫瑰 ●灌木株型 横向型 1.2m ●多次开
花●小花、莲座状花●淡香● 1962 年 美国 Eddy
　　像康乃馨般的小花莲座状开放，很有特点。
横向张开的灌木株型适合花坛的前方，格鲁滕还
有粉色和玫瑰红的不同品种。

'贝丝紫'
Basye's Purple Rose

●杂交野玫瑰 ●灌木株型 普通型 1.4m ●多次开花●中花、单
瓣花●中香● 1968 年 美国 Basye
　　和'安妮·恩特'正好是父母本相反，花色有着相同的
特点，反复开花性好，秋季也可以开花。修剪时可以发现枝条
的颜色非常独特。

'流苏'
Fimbriata

●杂交野玫瑰 ●灌木株型 普通型 1.5m ●反复开花
●小花、重瓣平开形花●淡香● 1891 年 法国 Morlet
　　花瓣带有锯齿边缘的独特花形，抗病性好，
在半阴处也可以栽培，株形不会散乱。对肥料要
求不高，适合墙角等贫瘠地。

'米克玫瑰'
Micrugosa

●杂交野玫瑰 ●灌木株
型 普通型 1.5m ●一季开
花●中花、单瓣花●淡香
● 1905 年以前
　　缫丝花与野玫瑰的杂
交种，果实橙红色。叶片
像缫丝花，很有个性。

'白花巴比埃'
Albéric Barbier

●杂交光叶蔷薇 ●藤本株型 匍匐花 5m ●一季开花●中花、莲座状花●中香● 1900 年 法国 Barbier

莲座状的白色花朵在柔长枝条上盛开，形成壮美的景致。刺少，强健，适合荫蔽的地方，有时会反复开花。

'鲍比·詹姆斯'
Bobbie James

● 杂交野蔷薇 ●藤本株型 横向型 5m ●一季开花 ●中花、平开形花●淡香● 1951 年 英国 Sunningdate Nursery.Ltd

清纯可爱的半重瓣白色花大量开放，满开时非常壮观。属于野蔷薇和光叶蔷薇的中间类型，适合粗放栽培。

野蔷薇和光叶蔷薇杂交诞生的健壮的藤本玫瑰

●杂交野蔷薇

以野蔷薇为原本，为了增加花色和反复开花性而杂交而出的玫瑰系统。基本都是春季一季开花，树型玫瑰，没有必要进行笋芽的更新，枝条会渐渐长粗。因为由野蔷薇杂交而成，株型多数是先直立向上，然后横向生发柔软侧枝。半阴处也可以很好地生长开花，适合房屋的北侧和半阴处。需要稍微宽阔的位置。

●杂交光叶蔷薇

以光叶蔷薇为原本，花色非常丰富。株型具有光叶蔷薇的特色，是不断横向伸展的类型，适合低矮的栅栏覆盖。侧枝非常柔软，可以自由牵引，下垂的枝条开花良好，可用于凉亭上方向下垂吊，形成瀑布般的造型。

●杂交麝香玫瑰

以具有反复开花性的野蔷薇杂交种'托利亚'为原本，和多次开花的现代月季再次杂交而成的玫瑰系统。株型和长势都类似野蔷薇杂交种，反复开花，株高较低。如果考虑到一般小家庭的住宅情况，结合大小、株型、长势、四季开花性、抗病性等多方面因素综合考虑，在选择藤本玫瑰时最值得推荐的就是这个系统。

'托利亚'

'弗朗西斯·莱斯特'
Francis E.Lester

●杂交麝香玫瑰 ●藤本株型 横向型 4m ●一季开花 ●中花、重瓣平开形花 ●淡香 ● 1946 年 美国 Lester Rose Gardens

白底粉色花，可爱的小花型，秋季虽然不开花但是有果实可欣赏。适合覆盖宽阔的地盘。侧枝柔软，可以进行细致的牵引。

'潘妮洛普'
Penelope

●杂交麝香玫瑰 ●藤本株型 横向型 2m ●反复开花 ●中花、平开形花 ●中香 ● 1924 年 英国 Pemberton

秋季花量也很多，具有茶香和果香混合的优雅香气，直立树型，枝条坚硬粗壮，适合栅栏、拱门等可牵引的地方栽培。

'吉斯莱娜'
Ghislaine de Féligonde

●杂交野蔷薇 ●藤本株型 横向型 3m ●反复开花 ●中花、平开形花 ●淡香 ● 1916 年 法国 Turbant

种子亲本是'金翅雀'，带有野蔷薇的血统，特别强健。花色随着开放会慢慢从橘黄色变成凋落前的白色，形成优美的多层次花色。

'五月皇后'
May Queen

●杂交光叶蔷薇 ●藤本株型 横向型 4m ●一季开花 ●中花、莲座状花 ●中香 ● 1898 年 美国 Manda

可爱的莲座状花，主枝坚硬粗壮，侧枝柔软，主干上垂下的枝条也可开花，形成壮观的景色。

'金翅雀'
Goldfinch

●杂交野蔷薇 ●藤本株型 匍匐型 3m ●一季开花 ●小花、平开形花 ●中香 ● 1907 年 英国 Paul

刺少，主干粗壮，侧枝柔软，是'吉斯莱娜'的亲本。在半阴处和北面也可以生长良好，香气和果实都值得欣赏。

'月光'
Moonlight

●杂交麝香玫瑰 ●藤本株型 横向型 2m ●反复开花 ●中花、平开形花 ●中香 ● 1924 年 英国 Pemberton

中等大小的重瓣花，秋季也开花，强健的藤本玫瑰。刺少，侧枝柔软，抗病性好，容易管理。可以培育成为健壮的树木。

栽培要点

■预防性喷洒药剂非常有效

第二类玫瑰需要适当喷洒药剂。把握好喷洒方法和时机，无须太费精力，属于可以轻松栽培的种类。在病害出现前进行预防性喷洒的药剂多数都是低毒性，对人体没有害处，合理使用这些预防药剂，可以将第二类玫瑰栽种得非常好，也可以基本实现有机栽培。要想在秋季保持鲜嫩的绿叶，还是必须喷洒药剂。特别是直立型品种需要和第三类玫瑰一样，定期喷洒药剂来防止病害，这样才能充分地发挥出它们美好的个性。

■不要心急，慢慢等待玫瑰的成长

第二类玫瑰中的诺伊塞特玫瑰、高卢玫瑰、多花蔷薇等系列中，有不少是初期生长较慢，渐渐长大成形的品种。如果急于给这些玫瑰施肥和浇水，会因消化不良而枯死。细心观察，耐心等待玫瑰的成长吧！

■肥料怎么用？

灌木株型、四季开花性弱的品种，如果在夏季以后给予肥料，就会把养分用于植株的生长，发生光长枝叶不开花的现象。应该在夏季到来前充分给予肥料，在这之后就控制施肥。但盆栽时因为土量的限制，须仔细观察叶色，如果植株不健康，要给予少量肥料。

■从笋芽更新的魔咒中解脱

第二类玫瑰中很多都是不用笋芽更新，而是一根枝条越长越粗、保持数十年的品种，典型的例子就是'冰山'。这样的玫瑰不出笋芽是很正常的。所以把我们的观念从笋芽更新的魔咒中解脱出来吧！

现在这个时代要求玫瑰具有"美丽而强健"的性质，最符合这种需求的恐怕就是第二类玫瑰了：拥有古典玫瑰的可爱花形、大量开花、四季开花、可以有机栽培。以英国玫瑰为首的灌木玫瑰很多都属于这一类，包括众多有名的品种。

第二类玫瑰诞生的背景是追求玫瑰极致之美的20世纪。各种花形优美、香气浓郁、四季开花的玫瑰被优选出来，经过反复杂交诞生了HT（杂交茶香月季）。而后，人们引入抗病性差的玫瑰，或是在近亲血缘中反复杂交，结果出现了花朵美但种养起来娇弱、需要大量肥料的品种。

另一方面，从20世纪前半叶开始，德国的科德斯开始把野玫瑰、多刺蔷薇等原种、古典玫瑰引入进行杂交，英国的大卫·奥斯汀也使用远离HT血缘的古典玫瑰来杂交，从而诞生出了英国玫瑰这个品种群。这类现代玫瑰，因为引入了较远的血缘而诞生出四季开花、花色丰富，兼具强健性的玫瑰，这就是第二类玫瑰。

本类玫瑰的株型有两种：2/3是松散下垂的横向型灌木株型，1/3是接近丰花月季（FL）和HT的直立株型，针对它们的修剪方法也各有不同。灌木株型参照第二类，直立株型则要参照第三类的HT和FL来修剪。其中灌木株型的品种和草花、树木的混搭性极佳，枝条柔软，横向生长，适合在栅栏、花架支撑下生长，可以说是特别适合小家庭种养的玫瑰。

本类玫瑰用有机栽培也可以生长良好，但是到秋季会因黑斑病而造成叶片损伤，影响美观。到底这是不是一种病，其实不过是观念上的差异。对注重外观、不能容忍这种状态的人来说，可以在适当时候喷洒药剂来预防。

'雪拉莎德' / '天方夜谭'
Sheherazad

●灌木玫瑰 ●直立株型 普通型 1.2m ●四季开花●中花、重瓣花●浓香● 2013 年日本 木村卓功

属于丰花类，容易打理，相对于植株大小而言，花量很大，是一种生命力充沛的玫瑰。香气以大马士革和水果香为基调，混以少许茶香。

'蓝色天空'
Le Ciel Bleu

●灌木玫瑰 ●灌木株型 普通型 1.4m ●四季开花●中花、莲座状花●中香● 2012 年日本 木村卓功

花的名字来自法语"蓝色天空"。春季和晚秋开出紫藤花色的花朵，夏季高温期花朵为紫红色，是一种初学者也容易上手的蓝色玫瑰。

'优娜公主'
Lady Una

●灌木玫瑰 ●灌木株型 普通型 1.2m ●四季开花●中花、莲座状花●浓香● 2011 年日本 木村卓功

肥厚的圆形叶片，柔美的莲座状花，优美可爱。抗病性好，是适合初学者的强健品种。具有玫瑰香和水果香。

'守护家园'
For Your Home

●灌木玫瑰 ●灌木株型 直立型 1.3m ●四季开花●中花、莲座状花●中香● 2012 年日本 木村卓功

花瓣尖端有白色细丝，秋季花色较深。波浪形花瓣具有独特魅力，适合沿着优雅的塔形花架牵引展示。

'雪见'
Sur la Neige

●丰花月季 ●直立株型普通型 1.3m ●四季开花●中大花、莲座状花●浓香● 2013 年日本 木村卓功

松散的波浪形花瓣，轻盈的花形如同积雪，香气甜美，很有魅力。是花色、花形、香气表现俱佳的玫瑰。

"罗莎欧丽"

本书作者为自己培育的玫瑰起名字叫"罗莎欧丽"系列，它们都是作者在日本育种选拔出的品种。作者的目标是培育在高温多湿的环境下也不惧生长，四季持续开花，尤其是在夏季也可以开出美丽花朵的玫瑰。

'粉妆楼'
Fun Jwan Lo

●多花月季 ●直立株型 普通型 0.6m ●四季开花 ●中小花、莲座状花 ●中香 ● 20 世纪初

若要在古典玫瑰中选择四季开花的直立株型品种，这个品种是首选。适合新手栽种，注意开花时不要让雨水淋到花瓣。

'哈迪夫人'
Mme Hardy

●大马士革玫瑰 ●灌木株型 普通型 1.5m ●一季开花 ●中花、四连莲座状花 ●浓香 ● 1832 年 法国哈迪

四连莲座状开放，中心为绿色纽扣眼，是代表性的古典玫瑰品种。浓郁的大马士革香，适合缠绕在塔形花架上。

'伊西斯美女'
Belle Isis

●高卢玫瑰 ●灌木株型 横向型 1.2m ●一季开花 ●中花、四连莲座状花 ●浓香 ● 1845 年 比利时 Parmentier

高雅清新的淡粉色花，给人文静的印象，但又有着极富吸引力的玫瑰。在古典玫瑰中也有着绝佳的动人美感，典型的高卢玫瑰系叶片，易于搭配。

'蒙特贝罗夫人'
Duchesse de Montebello

●高卢玫瑰 ●灌木株型 横向型 1.2m ●一季开花 ●中大花、四分莲座状花 ●浓香 ● 1824 年 法国 Laffay

柔粉色的四分莲座状花，中心呈可爱的纽扣眼，香气怡人。

'抓破美人脸'
Variegata di Bologna

●波旁玫瑰 ●藤本株型 柔枝型 2m ●一季开花 ●中花、杯形花 ●浓香 ● 1909 年 意大利 Bonfiglioli

白色底色上有玫瑰粉的条纹，美丽的杯形花，开花性好，整面开放时弥漫着浓厚的香气。枝条长，可以用作藤本玫瑰。

'宝船' Paul Transon

●杂交光叶蔷薇 ●藤本株型 匍匐型 4m ●一季开花●中花、莲座状花
●淡香● 1900 年 法国 Barbier

　　光叶蔷薇与诺伊赛特玫瑰的杂交种，柔和的杏粉色花，枝条柔软，
适合覆盖大面积的地方。

'泡芙美人'

Baff Beauty

●杂交麝香玫瑰 ●藤本
株型 柔软型 2.5m ●多次
开花●中花、重瓣花●中
香● 1939 年 英国 Bentall
　　花量大，随着开放
变淡的渐变花色，美丽
动人。甘甜的麝香气息，
强健易栽培，也可以在
半阴处生长。

'羞红诺伊塞特'

Blush Noisette

●诺伊塞特玫瑰 ●灌木株型 普通型
1.5m ●多次开花●小花、重瓣平开形花
●中香● 1814 年 美国 Noisette

　　清淡的婴儿粉色，小花，仿佛野生一
般可爱的风格。株型、花、枝条形态都能
和自然派花园融为一体。习性强健。

'芳汀拉图'
Fantin-Latour

●千叶玫瑰 ●藤本株型 硬枝型 1.7m ●一季开花 ●中花、四分莲座状花 ●浓香 ● 1900 年 法国

淡粉色四分莲座状花大量开放，优雅的氛围中弥漫着甜蜜的芳香。可以作为藤本玫瑰栽种，最适合栅栏和墙面。强健品种，耐寒。

'蓝蔓'
Blue Rambler

●杂交麝香玫瑰 ●藤本株型 柔枝型 3m ●一季开花 ●小花、重瓣花 ●淡香 ● 1909 年 德国 Schmidt

紫色的小花，在高大的藤本植株上大量开放。耐寒性好，非常强健，在半阴处也可以很好地生长。刺少，柔软的枝条适于牵引，别名'紫罗兰'。

'佩雷夫人'
Madame Isaac Pereire

●波旁玫瑰 ●藤本株型 柔枝型 2m ●反复开花 ●大花、四分莲座状花 ●浓香 ● 1881 年 法国 Garcon

浓艳的玫瑰红色圆球花，随着开放，花形由杯形变成优雅的四分莲座状，浓烈的香气馥郁迷人。

'法国舞裙'
Robe a la française

●灌木玫瑰 ●灌木株型 柔枝型 1.7m ●多次开花 ●中花、莲座状花 ●淡香 ● 2011 年 日本 河本纯子

具有古典美的玫瑰，典雅的粉色花，大量花瓣组成的莲座状，宛如洛可可时代贵妇人的舞裙，枝条柔软，极富魅力。

'紫玉'
Shigyoku

●高卢玫瑰 ●灌木株型 普通型 1.5m ●一季开花 ●小花、重瓣花 ●淡香 ● 1909 年 德国 Schmidt

带有灰色的深紫红色莲座状花，在柔软的枝头开放。从日本明治时代就已有的、具有和风美的古典玫瑰。在半阴处也能很好地生长。

'紫袍玉带'
Baron Girod de l'Ain

●杂交常青玫瑰 ●藤本株型 硬枝型 1.8m ●反复开花●中大花、杯形花●中香● 1897 年 法国 Reverchon

紫红色花瓣边缘为皱褶状，并勾勒有显眼的白色细边，非常独特而且魅力十足。施肥过多会造成白粉病。

'玫瑰花下'
Under the Rose

●灌木玫瑰 ●灌木株型 普通型 1.6m ●多次开花●中花、莲座状花●浓香● 2010 年 日本 岩下笃也

类似古典玫瑰的花形，颜色深沉典雅，非常吸引人。花开的高度恰到好处，有着浓郁的芳香。

'贾博士的纪念'
Souvenir du Docteur Jamain

●杂交常青玫瑰 ●藤本株型 柔枝型 2m ●反复开花●中花、杯形花●浓香● 1865 年 法国 Lacharme

春季成片开放紫红色杯形花，浓厚的大马士革花香可打造出梦幻般的意境。不耐黑斑病，全年都需要防治。

'维奥利特'
Violette

●蔓生玫瑰 ●藤本株型 柔枝型 2.5m ●一季开花●小花、重瓣花●淡香● 1921 年 法国 Turbat

又名'紫罗兰皇后'。红葡萄酒色的花色和金黄色的雄蕊对比鲜明，非常美丽。油光亮丽的叶片更增魅力。长势旺盛，半阴处也可以生长。

大卫·奥斯汀的英国玫瑰

古典玫瑰、现代月季以及灌木玫瑰杂交，形成了这个具有古典花形和香气、四季开花、花色丰富的种群。多数品种具有柔软的枝条，花朵轻盈地横向开放或是稍微下垂开放。株型是横向伸展的灌木型，和草花搭配性好，能把庭院整体统一成自然浪漫的风格。英国玫瑰是在高纬度国家选拔育种而成的，在日本的高温期花瓣数会减少，损害观赏性，春秋季则非常美丽。开花后花瓣容易散落，持久性不佳。

'香槟伯爵'
Comtes de Champagne

● 灌木玫瑰 ● 灌木株型 普通型 1.5m ● 多次开花 ● 中花、杯形花 ● 中香 ● 2001 年 英国 奥斯汀

杯形花朵甜美可爱，柔软的枝条生长旺盛，适合栅栏和塔形花架。花色随着开花而变化，就像双层的芝士蛋糕。

'斯卡布罗集市'
Scarborough Fair

● 灌木玫瑰 ● 直立株型 横向型 0.8m ● 四季开花
● 中型至小型花、杯形花 ● 中香 ● 2003 年 英国 奥斯汀

具有通透感的贝壳形粉色花瓣组成杯状花。香气怡人，直立株型，紧凑而容易打理。

'安布里奇'
Ambridge Rose

● 灌木玫瑰 ● 直立株型 普通型 1.2m ● 四季开花 ● 中大花、莲座状花 ● 浓香 ● 1990 年 英国 奥斯汀

初学者如果要寻找一种四季开花的直立型英国玫瑰，值得首先推荐的品种。圆润的杯形花渐渐变成莲座状，优美动人。

'温柔的赫敏'
Gentle Hermione

● 灌木玫瑰 ● 灌木株型 直立型 1.5m ● 反复开花 ● 大花、杯形花 ● 浓香 ● 2005 年 英国 奥斯汀

非常纤细，柔和的粉色花瓣多层重叠，作为灌木和藤本都适宜，名字来自莎士比亚故事里的人物。

'葛楚德杰·基尔'
Gertrude Jekyll

● 灌木玫瑰 ● 灌木株型 直立型 1.7m ● 反复开花 ● 大花、莲座状花 ● 浓香 ● 1986 年 英国 奥斯汀

比起欣赏单朵花，整株盛开的全景更有魅力。香气迷人，作为藤本玫瑰可以在各种场所使用。

'格拉汉姆·托马斯'
Graham Thomas

●灌木玫瑰 ●灌木株型 普通型 1.7m ●反复开花 ●中花、莲座状花●中香● 1983 年 英国 奥斯汀

鲜艳的圆形黄色花令人百看不厌，枝条柔软，强健。古典玫瑰花形搭配鲜艳的黄色，是大卫·奥斯汀的成名作，也是进入玫瑰殿堂的世界级名花。

'温切斯特大教堂'
Winchester Cathedral

●灌木玫瑰●灌木株型 普通型 1.5m ●反复开花●大花、莲座状花●中香● 1988 年 英国 奥斯汀

'玛丽玫瑰'的白色变种，柔软的枝条上开放清纯的白色莲座状花。耐寒性好，在半阴和条件恶劣的地点也可以栽培。

'慷慨的园丁'
The Generous Gardener

●灌木玫瑰 ●灌木株型 横向型 1.8m ●反复开花●中大花、莲座状花●浓香● 2002 年 英国 奥斯汀

长势非常旺盛，株型粗犷，花形却完全相反，是淡粉色的可爱型。作为藤本玫瑰在各种场合都可以使用，但是不推荐用于拱门。

'莫蒂默·赛克勒'
Mortimer Sackler

●灌木玫瑰 ●灌木株型 普通型 1.6m ●反复开花●中大花、莲座状花●浓香● 2002 年 英国 奥斯汀

刺少，枝条柔软，但又可直立的株型。叶片小巧，莲座状花，强健，抗病性好。

'亚伯拉罕·达比'
Abraham Darby

●灌木玫瑰 ●灌木株型 普通型 1.5m ●四季开花●大花、莲座状花●浓香● 1985 年 英国 奥斯汀

英国玫瑰中经典的一品，在夏季炎热的地区也可以看到精彩的夏花，植株强健。

'夏利法·阿诗玛'
Sharifa Asma

●灌木玫瑰 ●直立株型 普通型 1m ●四季开花●中花、莲座状花●中香● 1983 年 英国 奥斯汀

具有英国玫瑰中最浓烈的水果香。柔粉色花色，四季开花，强健，可以说是最佳的英国玫瑰之一。

'波莱罗舞' Bolero

● FL ● 直立株型 横向型 0.8m ● 四季开花 ● 大花、莲座状花 ● 浓香 ● 2009 年 法国 梅昂

让人一见钟情的优雅风情，株型紧凑，适合盆栽。浓郁的水果香型，接近新鲜梨子的味道。

'我的花园'
My GARDEN

● HT ● 灌木株型 直立型 1.5m ● 四季开花 ● 大花、半翘角高心形花 ● 浓香 ● 2008 年 法国 梅昂

法国梅昂公司赠给 My GARDEN 杂志社的玫瑰。花朵随着开放会变成莲座状，浓香，叶片有光泽，抗病性好，曾获得多种奖项，甚至不逊色于第一类的超强健玫瑰。

'艾格尼丝'
Agnès Schilliger

● 灌木玫瑰 ● 灌木株型 普通型 1.2m ● 反复开花 ● 中大花、莲座状花 ● 浓香 ● 2002 年 法国 吉洛

粉色中带有紫色、棕色的复杂色系，尤其以秋花最为出彩。花形是花心散乱的莲座状，具有法式的浪漫不羁风情。

'家园'
Home & Garden

● 灌木玫瑰 ● 灌木株型 横向型 1.5m ● 四季开花 ● 中花、莲座状花 ● 淡香 ● 2001 年 德国 科德斯

紧密的莲座状花，持久性好，强健、多花。具有古典玫瑰花形和四季开花性，有出众的抗病性，优点无数。

'罗布利塔'
Raubritter

●灌木玫瑰 ●灌木株型 横向型 1.2m ●一季开花 ●小花、杯形花 ●淡香 ● 1936 年德国 科德斯

心形的可爱花瓣集成圆圆的杯形花，成簇开放，细枝条，容易牵引，适合窗边。生长缓慢。

'卢森堡公主西比尔'
Princesse Sibilla de Luxembourg

●灌木玫瑰 ●灌木株型 普通型 1.8m ●四季开花 ●中花、平开形花 ●浓香 ● 2010 年法国奥拉尔

醒目的紫红色花，全年稳定开花，花瓣尖端有时翻卷，有时成为半重瓣，四季开花，耐热性、耐寒性俱佳，是一种几乎无缺点的玫瑰。

'食神'
Pierre Gagnaire

●灌木玫瑰 ●灌木株型 横向型 1.8m ●反复开花 ●中大花、半重瓣花 ●中香 ● 2002 年 法国戴尔巴德

接近单瓣花的半重瓣花成簇开放，叶片有光泽，强健。在宽阔的地点栽培保持自然株型，可以发挥出这种玫瑰最大的魅力。

'纪念阿曼德'
Souvenir de Louis Amade

● HT ●直立株型 横向型 1.2m ●四季开花 ●大花、杯形花 ●浓香 ● 2000 年法国 戴尔巴德

沉稳的粉色大花，十分具有亲和力，是献给乡村歌曲《玫瑰梦想》的词作者路易·阿曼德的玫瑰。

玫瑰品牌中潜藏的育种家精神

■梅昂

延续 5 代人的专业玫瑰育种公司，育种方面的经验和知识多到超乎想象。相比灌木株型的英国玫瑰，梅昂的品种更多为直立株型或近似直立的类型。花朵持久性佳，花色鲜艳的品种较多。

■戴尔巴德

该公司的传统强项是树型 HT 和 FL，近年也以此为亲本交配出灌木品种，同样比英国玫瑰直立性强，花期更持久，花枝更长。近年来增加了较多灌木品种，今后预计可以期待更多革命性的新品。

■吉洛

以培育的第一号品种'法兰西'而著称的位于法国里昂的玫瑰育种公司。1829年创立，1996年发布了兼具古典玫瑰和现代月季优势的品种"新古典玫瑰"系列。

■科德斯

在奥斯汀之前就着手进行灌木玫瑰育种。除花形和株型之外，更注重耐寒性等，这对于高纬度的内陆国德国而言是非常重要的特性。科德斯的玫瑰能耐受严苛的环境，适合有机栽培。

■奥拉尔

1930年，在玫瑰育种历史悠久的法国里昂郊外创业。在第一次国际香气玫瑰大赛中的灌木玫瑰类别，其作品'卢森堡公主西比尔'获得金奖。

'大厨'
Guy Savoy

● 灌木玫瑰 ● 灌木株型 直立型
1.8m ● 四季开花 ● 大花、杯形花
● 中香 ● 2001 年 法国 戴尔巴德

　　暗玫瑰红色中带有粉色纹，
花枝伸展的同时开花，可以在宽阔
的地点种植。

'亚历山德拉玫瑰'
The Alexandra Rose

● 灌木玫瑰 ● 灌木株型 横向型
1m ● 四季开花 ● 中花、单瓣平开形
花 ● 中香 ● 1992 年 英国 奥斯汀

　　带有阿尔巴系血统的独特交配
种，单瓣花甜美可爱，植株横向伸
展，在空间不足的地方可以用塔形
花架来让枝条攀缘。

'瑞典女王'
Queen of Sweden

● 灌木玫瑰 ● 灌木株型 直立型
1.5m ● 多次开花 ● 中花、莲座状花
● 浓香 ● 2004 年 英国 奥斯汀

　　有着人见人爱的优雅花色和纤
细优美的花瓣，抗病虫害，长势旺
盛、强健，适合新手。竖直向上生
长的枝叶节省空间。

'玫瑰花园'
Garden of Roses

● FL ● 直立株型 横向型 1m ● 四季
开花 ● 中花、莲座状花 ● 淡香 ● 2007
年 德国 科德斯

　　开莲座状花的端庄正统的玫瑰。
油亮的小叶清新优美。抗病虫害，四
季开花，株型紧凑，适合盆栽。

'菲利西亚'
Felicia

● 杂交麝香玫瑰 ● 藤本株型 硬枝型
2m ● 多次开花 ● 中花、莲座状花
● 浓香 ● 1928 年 英国 Pemberton

　　非常可爱的杏粉色玫瑰，柑橘
类水果令人无法抵抗，是名品'奥
菲利亚'的后代。

'美里玫瑰'
Chant rose misato

● 灌木玫瑰 ● 灌木株型 直立型
1.7m ● 四季开花 ● 大花、杯形花
● 浓香 ● 2004 年 法国 戴尔巴德

　　略带藤本性质的灌木玫瑰，枝
条柔软，牵引好的话可以成为小藤
本，深绿色的叶片抗病虫害能力强，
适宜新手。

'香粉莲'
Souvenir d'Elise Vardon

● 茶香月季 ● 直立株型 横向型 1m
● 四季开花 ● 中花、莲座状花 ● 中香
● 1854 年法国 Marest

　　随着开放成为莲座状，散发茶
香。听到香粉莲这个名字可能以为
是中国的品种，其实是法国育种家
的作品。

'直射阳光'
Soleil Vertical

● 灌木玫瑰 ● 灌木株型 直立型 1.8m
● 多次开花 ● 中花、杯形花 ● 中香
● 2010 年 法国 戴尔巴德

黄色系花，抗病性极佳，可无农药栽培。适合覆盖宽阔的场所，例如栅栏和围墙。

'夏洛特'
Charlotte Austin

● 灌木玫瑰 ● 灌木株型 普通型 1.3m ● 反复开花 ● 中大花、杯形花 ● 中香 ● 1993 年 英国 奥斯汀

容易栽培的英国玫瑰经典品种。杯形花，香气宜人，花色随着开放渐变成柠檬黄，抗病性好，也耐寒。

'白色卡地亚'
White Jacques Cartier

● 波特兰玫瑰 ● 直立株型 普通型 0.9m ● 四季开花 ● 中香、莲座状花 ● 浓香 ● 2001 年丹麦 Pederson

'雅克·卡地亚'的白色品种，21 世纪在丹麦被发现，除了花色以外基本都和卡地亚一样，容易栽培，反复开花，浓香型玫瑰。

'亨利·马蒂斯'
Henri Matisse

● HT ● 直立株型 普通型 1.2m ● 四季开花 ● 大花、卷瓣形花 ● 淡香 ● 1955 年法国 戴尔巴德

独特的花色难得一见，在法国广受喜爱。名字来源于被称为色彩魔法师的野兽派画家亨利·马蒂斯。

'无名的裘德'
Jude the Obscure

● 灌木玫瑰 ● 灌木株型 普通型 1.5m ● 四季开花 ● 中大花、杯形花 ● 浓香 ● 1995 年 英国 奥斯汀

非常甘美的水果香，英国玫瑰中的人气品种。株型接近直立，大型灌木。栽种可以盆栽，也可以种在花坛的中央或后方。

'白瀑'
Blanche Cascade

● FL ● 灌木株型 横向型 0.8m ● 四季开花 ● 小花、球形花 ● 淡香 ● 1999 年 法国 戴尔巴德

白色至淡粉色的小花成簇开放。可以盆栽，在小空间也能欣赏到大量花朵。放在稍高的地方让其垂吊下来好像白色的瀑布，因此得名。

'赛希尔芙兰丝'
Cecil de Volanges

● 灌木玫瑰 ● 灌木株型 普通型 1m ● 四季开花 ● 中花、莲座状花 ● 淡香 ● 2011 年 日本 木村卓功

渐变的淡粉色花朵呈松散的莲座状。香气如同剥开柑橘类表皮时发出的香气。有时可见绿色纽扣眼，适合盆栽和阳台种植。

'德伯家的苔丝'
Tess Of The d'Urbervilles

● 灌木玫瑰 ● 灌木株型 横向型 1.5m ● 多次开花 ● 中大花、莲座状花 ● 浓香 ● 1998 年 英国 奥斯汀

令人惊艳的深红色，开花性好，大气的莲座状中大花。枝条柔软，无论朝哪个方向牵引都会对着人"笑脸相迎"。

本类包括 HT 和 FL、微型月季以及比较纤弱的灌木品种。

栽培要点

■翻过月历时就要施肥

"希望华丽的玫瑰四季开放！"本类就是对应这种需求而育种成的玫瑰，可谓玫瑰中的"工作狂"，因此容易"疲劳"。无论盆栽还是地栽，都必须放置底肥，也要按时追肥。"翻过月历时就要施肥"，意思是在 3—11 月，每个月都不要忘记追肥。开花是玫瑰们重要的工作，用肥料给它们提供充足的营养吧。

■及时喷洒药剂

其实肥料和病害有着不可分割的关系，给予肥料后植株会长得更高大更柔软，也更容易得白粉病。白粉病会让叶片的光合作用能力下降，黑斑病则造成落叶，对"工作狂"型的玫瑰来说这是体力上莫大的伤害。为了防止这些，需要做好预防。可参考第 88 页的玫瑰栽培月历，及时喷洒药剂，尽力预防病害发生。

■修剪，需要笋芽更新

不合理修剪，再加上肥料不足，会导致玫瑰的花朵变小，或者产生盲枝，花色也变差，发挥不出品种原本的优势。需要根据品种合理修剪。而且本类的玫瑰如果不利用笋芽更新，着花量会变差，所以必须用笋芽更新保证植株的生命力。

"更丰富的花色""更优美的花形""更浓郁的香气""四季开花性"，为了迎合人们的这些愿望，20 世纪的育种家培育出了数量众多的美丽 HT 和 FL。所以很多人对玫瑰的印象就是翘角高心的花形及管理非常麻烦，必须给予大量肥料。其实这种印象就来源于第三类玫瑰品种。

HT 和 FL 的魅力在于单朵花的精彩。野蔷薇、光叶蔷薇系的玫瑰，虽然甜美可爱，但是单朵花看起来会不够华美，相对而言 HT 却是花大色美、四季开花的女神般的存在。本类植株容易疲劳，需要充足的底肥和追肥。具有讽刺意味的是，越施肥越容易生病，定期喷洒药剂又成为不可或缺的工作。从冬季开始进行预防性喷洒药剂，严防病害发生很重要。另外，放任生长后植株开花性变差，不能显示本身的优点，因此又必须修剪。每年更新植株促发笋芽，也是重要工作之一。

这样看来，确实管理非常麻烦。但是越用心打点，生长得越好，越能绽放出美轮美奂的花朵，恰是本类的魅力之一。付出努力可以得到回报，让人感觉到栽培的乐趣，正是 HT 品种的特色。

如果不了解本类的特性而盲目进行有机栽培，不仅不能开出期待中的美丽花朵，还会着花稀少让植物委屈。给予充足的肥料、喷药、修剪都是让本类玫瑰生长必须的手段，所以这类是不适合有机栽培的类型。

不需要费力养护就自然生长的玫瑰，也意味着即使费尽心血去管理也没有什么改变。希望体会到辛勤养护而得到美花回报的人，一定值得挑战本类玫瑰。

'法兰西'
La France

● HT ●直立株型 普通型 1.2m ●四季开花●大花、翘角高心形花●浓香● 1867 年法国 吉洛

作为最初的 HT 而成名的玫瑰。花形、株型各方面至今仍是 HT 中的经典，香气浓郁，四季开花。本品诞生时举世瞩目的魅力可想而知。

'蓬巴杜玫瑰'
Rose Pompadour

● 灌木玫瑰 ● 灌木株型 普通型
1.4m ● 四季开花 ● 大花、莲座状花
● 浓香 ● 2009 年法国 戴尔巴德

花朵硕大，单朵也极有吸引力，
具有诱惑性的水果香。盛夏的花朵
也美丽动人，是真正意义上的四季
开花的玫瑰。

'佛罗伦萨·德拉特'
Florence Delattre

● 灌木玫瑰 ● 灌木株型 普通型 1.4m ● 多次开花 ● 中
花、莲座状花 ● 中香 ● 1997 年 法国 吉洛

明亮的粉紫色花莲座状开放，是早期的灌木玫
瑰，花色很罕见。线条纤细的株形，具有细致之美。

'玫瑰时装'
Couture Rose Tilia

● FL ● 直立株型 横向型 1.4m ● 四
季开花 ● 中大花、重瓣、锯齿瓣形花
● 中香 ● 2010 年 日本 河本纯子

会让人产生"这是玫瑰花？"
的疑问。沉稳的粉红色略带蓝晕，花
瓣的锯齿令人印象深刻。和花园中
的草花搭配在一起更佳。

'和平'
Peace

● HT ● 直立株型 普通型 1.3m ● 四季开
花 ● 大花、半翘角高心形花 ● 中香 ● 1945
年 法国 梅昂

第二次世界大战后，以对和平的期望
而命名。黄色底色上带有粉晕的卷心大花
壮美绝伦。人气极高，几乎成为 HT 的代
名词。作为交配亲本也很出色，留下很多
优秀的杂交子代。

'新娘'
La mariée

● FL ● 直立株型 普通型 1.4m ● 四季
开花 ● 波浪边、中花 ● 浓香 ● 2008
年 日本 河本纯子

柔美的波浪形花瓣极具艺术性。
作为切花也表现出色，持久性强。易
罹患白粉病和黑斑病，预防性喷洒
药剂很有必要。

'天之羽衣'

Elene Giuglaris

● HT ●直立株型 普通型 1.2m ●四季开花●大花、半翘角高心形花●浓香● 2008 年 日本 木村卓功

多为白色，根据环境、气候、季节会稍带粉色，为令人惊叹的端庄的高心形花，是一种让人能够感受翘角高心花形之美的玫瑰。

'朦胧紫'

Misty Purple

● FL ●直立株型 普通型 1.4m ●四季开花●中花、波浪形花瓣●浓香● 2003 年 日本 河本纯子

为河本玫瑰品牌奠定基础的品种，蓝色系玫瑰的香气魅力十足。作为切花玫瑰也很优异，栽培容易，追肥和喷洒药剂效果显著。

'红双喜'

Double Delight

● HT ●直立株型 普通型 1.3m ●四季开花●大花、半翘角高心形花●浓香● 1977 年 美国 Swim&Ellis

乳黄色与红色交织的复色花，香气怡人的早花品种。发布后迅速登入玫瑰殿堂，是人见人爱的品种。注意盲枝，一旦出现立刻摘除。

'梅昂爸爸'

Papa Meilland

● HT ●直立株型 普通型 1.7m ●四季开花●大花、半翘角高心形花●中香● 1945 年 法国 梅昂

法国育种家阿兰·梅昂献给祖父安托·万梅昂的品种。花形、花色、香气三者俱佳。

'杏梅露'
Apricot Nectar

● FL ● 直立株型 普通型 1.3m ● 四季开花 ● 中大花、半翘角高心形花 ● 中香 ● 1965 年 美国 Boerner

明亮的杏色花，半翘角的大花成簇开放，香气怡人，花枝长，可作为切花。适合新手。在 FL 中属于大花型。

'宝爱丽'
Eliza Boëlle

● 杂交常青玫瑰 ● 直立株型 横向型 0.6m ● 四季开花 ● 中花、杯形花 ● 浓香 ● 1869 年 法国 吉洛

银粉色的花朵，甜美可爱，香气迷人。适合盆栽，地栽要种在前方。大量开花会过度消耗体力，有时需要疏蕾。

'巴马修道院'
Chartreuse de Parme

● HT ● 直立株型 横向型 1.2m ● 四季开花 ● 大花、圆瓣高心形花 ● 浓香 ● 1996 年 法国 戴尔巴德

丰满的大型花朵，圆瓣中高心花形，基本是内卷开放。好像成熟的葡萄色，很有魅力，枝条横向伸展，地栽需要有足够的空间。

'折纸美人'
Belle D'Espinouse

● 灌木玫瑰 ● 灌木株型 直立型 1.2m ● 多次开花 ● 中花、莲座状花 ● 强中香 ● 2005 年 法国 Massad

酒红色的底色上有白色条纹，花瓣波浪形，具有独一无二的个性。虽然属于灌木株型，但是性质更接近直立型。

'信心'
Confidence

● HT ● 直立株型 普通型 1.4m ● 四季开花 ● 大花、半翘角高心形花 ● 浓香 ● 1951 年 法国 Mailland

花瓣底部是黄色混有鲑粉色，半翘角高心形花。标准的 HT 风格中带着浪漫多变，留有早期现代月季的痕迹。

'卡洛琳夫人'
Mme Caroline Testout

● HT ● 直立株型 普通型 1.3m ● 四季开花 ● 大花、翘角高心形花 ● 中香 ● 1890 年 法国 Ducher

让 HT 闻名于世的品种，花形介于古典玫瑰和现代月季之间，具有难以言传的美感。雨天也可以自如绽放。

'马美逊纪念'
Souvenir de la Malmaison

● 波旁玫瑰 ● 直立株型 横向型 1m ● 四季开花 ● 中花、莲座状花 ● 浓香 ● 1843 年 法国 Beluze

淡粉色的四分莲座状花，花开不断，浓厚的甜香气沁人心脾。株型紧凑，名字来自拿破仑皇后约瑟芬的宫殿名。

'薰衣草男孩'
Lavender Pinocchio

● FL ● 直立株型 横向型 0.7m ● 四季开花 ● 中花、圆瓣重瓣花 ● 淡香 ● 1948 年 美国 Boerner

花色为带有茶色的薰衣草紫色，很有特点。波浪花瓣的重瓣古典型花甜美可爱，适合地栽于花坛前方和盆栽。春季叶片尖端会发黄，这是品种特征，不是异常。

'奥菲利亚'
Ophelia

● HT ● 直立株型 普通型 1.2m ● 四季开花 ● 大花、半翘角高心形花 ● 浓香 ● 1912 年 英国 Paul

留下众多著名子孙的历史性名花，也给麝香玫瑰带来了深刻影响。淡粉色的花朵轻盈、魅力十足，浓香，名字来自莎士比亚戏剧《哈姆雷特》中的美丽少女。

'保罗·塞尚'
Paul Cézanne

● 灌木玫瑰 ● 灌木株型 普通型 1.5m ● 多次开花 ● 大花、杯形花 ● 浓香 ● 1998 年 法国 戴尔巴德

春秋季的低温期开粉色带柔黄色条纹的杯形花，高温期开朱红色带黄色条纹的圆形重瓣花。花色随季节变化，饶有乐趣。要注意黑斑病。

'蓝宝石'
Blue Bajou

● FL ● 直立株型 普通型 1.3m ● 四季开花 ● 中花、圆瓣重瓣花 ● 淡香 ● 1993 年 德国 科德斯

中型花，少见的紫藤色花色，多花性。在现有的紫色品种中属于偏蓝的，优雅的花形和花色造就出梦幻般的气氛。要注意防范盲枝和黑斑病。

'索尼娅·雷克尔'
Sonia Rykiel

● 灌木玫瑰 ● 灌木株型 横向型 1.5m ● 四季开花 ● 大花、四分莲座状花 ● 浓香 ● 1995 年 法国 吉洛

带有杏色、奶黄色等色晕的柔粉色花四分莲座状开放，枝条柔软，花朵硕大，需要牵引。

'戴高乐'
Charles de Gaulle

● HT ● 直立株型 普通型 1.3m ● 四季开花 ● 大花、半翘角高心形花 ● 浓香 ● 1974 年 法国 梅昂

薰衣草紫色、花形华丽、香气怡人的优秀品种。开花性好，强健的大型植株。保持低矮株型可以开出大型花。

'结爱'
Yua

● FL ● 直立株型 普通型 1m ● 四季开花 ● 中花、翘角高心形花 ● 浓香 ● 2011 年 日本 京成玫瑰园

粉红色的古典花形，花瓣多，香气浓郁。开花性好，株型紧凑，适合盆栽。

第四类 需要精心养护的玫瑰

纤弱 有机栽培 ×

从切花玫瑰中派生而来，追求精致花色的品种。

栽培要点

■纤弱的玫瑰适于盆栽

比起地栽，盆栽时更容易控制根系的环境，对于这类纤弱的玫瑰，更推荐盆栽。选择透气性好的小型花盆，使用容易干的土壤，精确控制浇水的时间，让土壤处于干透浇透的循环中。把花盆放在容易看到的地方，时刻关注着培养吧！

■地栽时要抬高场地

要想地栽的话，要做成抬升式高垄再栽培，也就是让植株生长在比地面高的地方。这时如果直接把地面抬高成山形，浇水后水会从两侧流下，要在中间做出一个凹陷处，浇水时让水流更顺畅。土面培高后，可以增加透气性，避免让土壤长期处于闷湿的状态。

■玫瑰的根系需要透气

"盆栽时好好的，怎么地栽就没了精神？"很多人在栽培过程中会有这样的疑问。地栽的时候，土壤一直湿润，根部没有空气流通，是让玫瑰无精打采的原因之一。纤弱的玫瑰自不必提，即使强健的玫瑰也是种在高垄上生长得更快。这都是因为玫瑰是需要透气的植物。

■从新苗开始用花盆培养

栽培难度高的玫瑰不应该直接买大苗，更推荐购买新苗回来在花盆里慢慢培育。纤弱的玫瑰对于移动和环境变化都很敏感，从小苗开始让它慢慢适应生长的环境是成功的关键。

如果说第一类玫瑰是校园里活蹦乱跳的男孩，这个类型的玫瑰就像不擅长运动，喜欢在教室里安静看书的美少女。在栽培这样美丽而纤弱的玫瑰时，很多人都会想准备一个大花盆，每天浇水，给予它大量的肥料吧？其实，这些举动恰巧都是错误的。

强健的玫瑰会不断地吸收花盆中的水分，通过叶面的气孔蒸发出去，这样循环生长，但是美丽而娇弱的第四类玫瑰一天却吸收不了那么大的水量，所以种在大花盆里水分就会过多，根系长期处于闷湿的状态。

玫瑰的根系在适度干燥和潮湿的土壤中生长发育，可以长得结实。如果土壤过分闷湿，根系就不会生长。栽培第四类玫瑰的一大要点是使用较小的花盆和容易干燥的土壤，还要注意避免过度浇水。

到了吃饭的时间，给玩饿了的男孩子端来饭菜，马上就会吃得干干净净，但是对于纤弱的美少女，却吃不下那么多食物。同理，给第四类的玫瑰过多的肥料，它们甚至会因为消化不良而枯死，这个类型要注意少肥。

把握这些基本点后，照顾美丽而纤弱的玫瑰还有一个重点是"观察"。这类玫瑰适合于有足够时间和心情来持续关注它们的状态的人。

'加百列'
Gabriel

● FL ●直立株型 普通型 0.9m ●四季
开花●中花、莲座状花●浓香● 2008
年 日本 河本纯子

　　银色中带有蓝晕，神秘气息十足
的玫瑰。蓝色系玫瑰的芳香混合柑橘
香，株型紧凑，适合种在花坛前方或
盆栽。

'拿铁艺术'
Latte Art

● HT ●直立株型 普通型 0.7m ●四季开花●中大
花、半翘角重瓣花●淡香● 2008 年 日本 木村卓功
　　中间的花瓣卷成别致的花形。推荐盆栽，在株
型长成前要不断摘蕾。

'金扇'
Eventail d'or

● HT ●直立株型 普通型 1m ●四季开花●波浪边、中大花
●淡香● 2009 年 日本 河本纯子

　　花瓣飘逸的金黄色花，名副其实。抗病性弱，精心管理会
持续开花，具有特别欣赏价值的玫瑰。不耐热。

'海蒂·克鲁姆'
Heidi Klum Rose

● FL ●直立株型 普通型 0.7m ●四季开花●中大花、圆瓣莲座状花●浓香● 2006 年 德国 Tantau

　　极佳的大马士革香，四季开花，株型紧凑，适合盆栽和地栽于花坛前方。不耐白粉病和黑斑病，春季开始就要持续预防，修剪以轻剪为主。

'蓝色天堂'
Blue Heaven

● FL ●直立株型 普通型 0.6m ●四季开花●中花、半翘角高心形花●淡香● 2008 年 日本 河本纯子

　　看到低温期的花色就会了解'蓝色天堂'这个名字的来由。在夜晚的荧光灯下则显现出就是天蓝色。以花色为目标而选拔育种而成，植株纤弱，只适合高手栽种。

'小伊甸园'
Mimi Eden

● FL ●直立株型 普通型 0.6m ●四季开花●小花、杯形花●淡香● 2001 年 法国 Mailland

　　白色的圆球形花蕾开放后露出粉色的花瓣，这种对比吸引了极高人气。作为切花开花持久性也好。

'浪漫蕾丝'
Romantic Lace

● FL ●直立株型 普通型 0.6m ●四季开花●中小花、内卷形花●淡香● 2007 年 荷兰 De Ruiter

　　婴儿粉色花和波浪形花瓣给人浪漫的印象。持久性好，无论是盆栽还是作为切花花期都较长。株型紧凑，适宜盆栽，不推荐地栽。

'古董蕾丝'
Antique Lace

● FL ●直立株型 普通型 0.8m ●四季开花●中小花、内卷形花●淡香● 2001 年 荷兰 De Ruiter

　　常用作新娘捧花的切花玫瑰，持久性极佳。波浪形花瓣，成簇开放，花姿独特迷人，是优异的切花品种，推荐盆栽。

'转蓝'
Turn Blue

● FL ●直立株型 普通型 1.1m ●四季开花●中花、杯形花●淡香● 2006 年 日本 小林森治

　　最接近蓝色的一种玫瑰，春季和晚秋从杯形到莲座状，长势弱，栽培困难，适合有经验的栽培者。推荐盆栽，地栽要壅土成高畦栽培。

'绿色大地'
La Terre Verte

● HT ●直立株型 普通型 0.4m ●四季开花●中花、莲座状花●淡香● 2009 年 日本 木村卓功

　　以绿色大地为意象而培育出的绿色玫瑰。绿色玫瑰在高温时容易变成黄色，该品种却可以保持绿色，可谓是绿色玫瑰中的极品。特别紧凑，修剪只须剪去花。

【 玫瑰的专业用语 】

光合作用

植物利用太阳的光能，将空气中的二氧化碳和水分转化为碳水化合物的过程。

笋芽

在玫瑰生长期的春季到秋季从根基部、枝干中间发出的长势旺盛的长枝条。HT中的很多品种都是依靠笋芽更新来实现植株更新。

砧木

嫁接时承受接穗的植株在日本一般用野蔷薇。

大苗

上年的秋季到冬季在砧木上嫁接后，大约在苗场里培育1年左右的花苗。10月到次年2月开始出售。

新苗

上年秋季到冬季嫁接后，4—6月出售的花苗。购买后摘除花蕾，减少植株负担，让植株更好地成长。

盆苗

在花盆里培养的新苗或大苗。很多时候都是即将开花的开花苗，可以确认品种，根系相对发达，不用担心枯死。全年可以购买，是现在市售玫瑰的主流，适合新手。

长藤苗

在花盆里培育成的藤本、半藤本品种的新苗或大苗，多数具有1.5m左右的枝条，可以立刻用于拱门等。

换盆

根据玫瑰苗的生长情况，逐步换成大花盆的过程。

育种

通过杂交来培育更美、更强健、更新奇、更有魅力的玫瑰，经过反复选拔，创造出新的品种。

实生苗

从种子开始培育的玫瑰幼苗。

玫瑰这种植物，花的形状和颜色有着令人惊讶的多样性，简直可以说是活的艺术品。

多花蔷薇(*Rosa multiflora inermis*)

玫瑰的花的分类

■花瓣数量

单瓣：5 枚
半重瓣：10 枚左右
重瓣：20 枚以上
完全重瓣：极多

■花形

杯形
平开形
莲座状
四分莲座状
高心等

■花瓣的形状

圆瓣、翘角、半翘角、锯齿瓣、波形瓣等

■颜色构成

花边、色块、条纹、复色等

■花心的样子

纽扣眼、绿眼等

　　野生玫瑰的花多数都是 5 枚花瓣。野生种突然变异后也会出现重瓣种，经过自然杂交或是人工培育，园艺玫瑰更实现了丰富的变化。千姿百态的玫瑰花可以根据花瓣数量、花瓣形状、花形、颜色构成、花心的样子等，进行分类和表述。

花瓣的数量和花形

'奶油杯'

杯形
从侧面看是浅浅的碗形

'约克城'

平开形
平铺开花

阿尔卑斯蔷薇

单瓣
5 枚花瓣的原始花形

'魅惑'

翘角高心形
花瓣上面尖形，从侧面看形成较高花形

'无名的裘德'

杯形
从侧面看为碗形

'白花巴比埃'

重瓣平开形
花瓣数在 20 枚以上的平开形

菲利塞特常青玫瑰

球形
细小的花瓣密集成球形

'马美逊纪念'

四分莲座状
花瓣分成 4 组，放射性散开

'蒙特贝罗夫人'

莲座状
花瓣从中心呈放射性散开

花瓣的形状

'新浪潮'

波浪形花瓣
花瓣边缘皱褶呈波浪形

'玫瑰时装'

锯齿瓣
花瓣有缺裂

花心的样子

'伊丽莎白修女'

纽扣眼
花瓣向中心聚集成纽扣状

颜色构成

'保罗高更'

条纹
好像扎染一样条状混合的花色

'幼发拉底'

色斑
花瓣中心有深色大斑块

'摩纳哥公爵'

花边
花瓣边缘颜色不同

'哈迪夫人'

绿眼
花心中可以看到绿色的小芽

叶

Leaf

把强健的玫瑰品种摆在一起，这些继承了野生种和古典玫瑰特性的品种有着强大的生命力，叶片上就可以看出来。

● **香叶蔷薇**
Rosa eglanteria
揉碎叶片会发出甘甜的苹果香。

　　叶片进行光合作用给予植株能量和养分，并让它们健康生长。担负光合作用重任的叶片的强健性决定了玫瑰本身的强健性。

　　玫瑰是一种魅力无限的园艺植物，现在这个时代对它的要求显然是"美丽而强健"。如何让新的玫瑰品种美丽与强健共存，虽然在种植上有很多困难，却是我们必须面对的问题。

　　回顾玫瑰的杂交历史，并以现在的奥斯汀和法国的戴尔巴德为例，选出强健的品种，观察它们的叶片，就可以看出早期的古典玫瑰和野玫瑰的血统非常浓厚。叶片摸起来有粗糙的感觉，这一类叫做糙叶类。此外，带有蜡质光泽的叶片叫做光叶，是从光叶蔷薇诞生的，拥有野生种的强健。而有着皱纹叶脉的叶片则是来自野玫瑰系统，它具有耐寒性、耐热性俱佳的优势。另一方面，对于病虫害和严苛气候的耐受力较弱的叶片，多数是平坦而没有厚度的薄叶片。当然，也有例外。

　　东方古老月季中的茶香月季，就不耐寒。但它很耐黑斑病，叶片掉了又会很快生发，株型也很紧凑。因为耐寒性差，在西方育种界里不被重视，也不太用于杂交，但是在亚洲的气候中却可以健康生长，这是今后在育种时一定应该重点考虑的品系。

光叶类

●'家园'
Home & Garden

2001 年德国科德斯育成的玫瑰品种，古典玫瑰风格的莲座状粉色花，四季开放，持久性好，成簇开花。持续开放，可长年为花园增光添彩。更出色的是优异的抗病性，只需普通的养护和花后修剪即可。横向生长的直立型灌木，也推荐培育成小藤本。

●'莫利纳尔玫瑰'
La Rose de Molinard

2008 年戴尔巴德培育的品种，抗病虫害，长势旺盛，容易栽培。稍带鲑粉色的亮粉色杯形花，香气浓郁，四季开花。在宽阔的地点可长成直立株型，自然洒脱。

●'约克城'
City of York

1945 年德国坦陶育成的品种，光叶蔷薇杂交而成的藤本月季，亲本之一是华美的粉色玫瑰'多萝西柏金斯'。半重瓣的白色杯形花，春季成片开放时宛如纯洁的玫瑰圣地，效果极其壮观。

●'蓝绪'
Emotion Blue

2008 年戴尔巴德培育出的品种，好像打蜡过一般油亮的叶片，在紫色系玫瑰中属于强健品种。香气迷人，四季开花，抗病性佳。优秀的直立型灌木。

●'美女伊西斯'
Belle Isis

1845 年在比利时诞生的古典玫瑰品种。高卢玫瑰杂交种。淡粉色的花与没药的芳香极具魅力。它也是大卫·奥斯汀的第一株英国玫瑰'康斯坦丝精神'的种子亲本。

●'瑞典女王'
Queen of Sweden

2004 年培育出的英国玫瑰，父本是'夏洛特'。花朵是可爱的重瓣杯形花。圆润的叶片抗病性强，适宜新手。英国玫瑰中少有的直立株型，适合盆栽和阳台栽培。如果肥料过多或修剪过重会造成秋季无花，在夏季修剪前要断肥，稍微早些进行轻剪。

●'夏利法·阿诗玛'
Sharifa Asuma

1989 年培育的英国玫瑰，种子亲本是'玛丽玫瑰'，也就是'美女伊西斯'的后代。华美的大型花，花色高雅、带有光泽，株型紧凑，适合盆栽，四季开花。强剪后也可以持续开花，但是推荐轻剪造型。

●'娜荷马'
Nahéma

1998 年戴尔巴德育成的法国玫瑰。父本是'英国遗产'，也是'美女伊西斯'的后代。花形是富有女性气息的粉色杯形花，带有蓝色系玫瑰的优美香气。四季开花，但是细枝条较多，容易出现盲枝，要进行枝条整理，让新芽从粗枝发出。虽可作为藤本，但是推荐培育成直立性强的大型灌木或种在塔形花架下向上牵引等更有个性的造型。

野玫瑰类的叶片

●'雪路'
Snow Pavement

1984 年德国鲍姆培育的杂交野玫瑰。白色到淡粉色的杯形花中等大小，香气迷人，反复开放。兼具美貌与强健性的玫瑰。

●'超级格罗滕'
Grootendorst Supreme

杂交野玫瑰，具有野生玫瑰血统，抗黑斑病，植株坚硬，即使偶尔发病，次年春季也可以开出美丽的花朵来。结出果实也不会落叶，可同时欣赏花和果实也是一大魅力点。横向伸展的枝条适合宽阔空间，例如可作为地被植物。

●'拉伊莱玫瑰'
Roseraie de l'Hay

1901 年法国培育的杂交野玫瑰。野生种血统，不惧寒冷和海风。深紫红色花在杂交野玫瑰中格外豪华，抗病性强，不用任何打理也能茁壮成长，开花不绝。

茶香类的叶片

●'威廉·史密斯'
William R. Smith

1908 年美国博格育成的茶香月季。白色底色上带有粉晕，莲座状的花朵非常可爱。容易栽培，强健，横向伸展，需要在足够大的空间里栽培。

●'夏龙夫人'
Madame Emilie Charron

1895 年法国贝里埃培育的品种，个性十足的浪漫莲座状花，青草气味也是独具一格。少刺，但是横向伸展力很强，要考虑栽培的场所。

●'凯旋门'
Triomphe de Luxembourg

1835 年法国巴蒂成的品种，杂交茶香系的横展型直立株型，半翘角高心形花。这个品种问世之初引起极大轰动，与此后的杂交茶香月季相比，长势、抗病性都更优越。

刺

Thorn

通过观察刺，在没有花朵、没有叶片的时候，也能够了解到这是哪个系统的玫瑰。进一步说，有些从花上看不到的隐藏的特性，可以通过刺来了解。

扁刺峨眉蔷薇
Roseomeiensis pteracantha

'笑脸'
Funny Face

'拉夫特'
Lafter

'我的花园'
My GARDEN

'柯莱特'
Colette

'拉伊莱玫瑰'
Roseraie de l'Hay

　　扁刺峨眉蔷薇的刺扁平宽大，乍看非常可怕，但是触摸起来倒并不如想象中扎手。观察以杂交茶香月季为首的现代玫瑰的刺，会发现很多是向下弯曲的。特别有特点的是缫丝花，在刺的上方长芽，枝条也是像折节棍一样弯曲。'美女伊西斯'有很多细小的刺。剪下玫瑰用手拿着会有人问："刺扎到不痛吗？"其实只是轻轻捏着并不会扎痛。落叶后的冬季，观察玫瑰的刺是一件很有乐趣的事。

'桑德白'
Sander's white

缫丝花
Rosa roxburghii roxburghii

'罗莎·蒙蒂'
Rosa Mundi

'美女伊西斯'
Belle Isis

光叶蔷薇
Rosa luciaea

'黑苔藓'
Nuits de Young

千叶玫瑰
Rose Centifolia

'玛丽·维欧'
Rose Marie Viaud

野玫瑰
Rosa rugosa

61

Fruit

四季开花或是多次开花的玫瑰是以花取胜，而一季开花、重复开花的玫瑰则可以在秋季欣赏果实。看到美丽的玫瑰果，就不再追求玫瑰的四季，而认为『一季开花也够了』的人也不在少数。

穆里根蔷薇
Rosa mulliganii

深山蔷薇
Rosa marretii

'维奥利特'
Violette

'芭蕾舞女'
Ballerina

　　多数野生品种的玫瑰在 5 月开花过后保留残花的话，就会结出绿色的小果实，到秋季逐渐成熟变色。玫瑰果中最多见的是野蔷薇的红色小果，此外还有朱红色、橙色、黑色等各种颜色和形状的果实。杂交麝香玫瑰的代表种'芭蕾舞女'可四季开花，如果放弃秋花，就可以结出大量豪华壮观的果实。秋季的玫瑰果可以说有着不逊色于花朵的魅力，但是结果对于玫瑰来说是一个负担不轻的工作，把看不到的地方的残花剪掉一部分，为玫瑰减轻一些负担，让来年的春花也同样精彩吧！

锦蔷薇
Rosa mariginata

把花园里的玫瑰剪下来作为切花欣赏

'我的心'

切花的时间要看花萼

把花园里的玫瑰剪下来放到房间里观赏时，可以通过观察花萼来把握剪花的时机。当花萼开始向下卷的时候，就表示"已经准备好开花了"。花萼还向上则表示"还没有到开的时候"。单瓣玫瑰会较早向下卷。

台风来袭之前

在台风来袭之前，尽早修剪掉花萼向下的玫瑰花蕾，拿到室内欣赏吧。面对难以战胜的自然气候，把即将绽放的玫瑰剪到家中装点，不会白白浪费了此前栽培时花费的心血。如果花萼还没有向下，则可对花蕾有一定的保护作用，可以耐受一定的风雨。

切花以清早为宜

修剪花园里的玫瑰最佳时间是清晨。中午时间剪下，水分已经减少，即使再插入水中，花朵持久性也不佳。在玫瑰液汁充足的清晨剪花，放入深桶中，浸泡4~5小时，会比直接插入花瓶的持久性好很多。另外，越是栽培难度高的玫瑰，越要尽早剪下拿入室内，这样减轻植株的负担，会长得更充实。

"美丽而强健的玫瑰"

我一直希望无农药栽培玫瑰，但在此之前多数强健型的玫瑰都是枝条坚硬，外形粗犷。而木村先生发布的"罗莎欧丽"系列，特别是'心上人'这个品种有着纤细的美感、良好的开花性、健康而又柔美的株型，这就是我梦中的理想玫瑰。在高温多湿的夏季也能不断冒出花蕾，持续开花。这大概是因为木村先生以那些在无农药的农田里培育的玫瑰作为亲本，长年持续育种工作的成果吧。看到这些玫瑰，仿佛可以体会到不断开发出玫瑰新品种的木村先生对玫瑰的深深爱意。（园艺摄影师鹈饲寿子）

— column 专栏 —

无农药栽培玫瑰

开始无农药栽培玫瑰后，会有各种新的发现和有趣的事情发生，但是也需要坚持和耐心。从一直在使用药剂，突然改成无农药，对于玫瑰来说也是一个大的考验。出现少许的病害或是害虫，要忍耐，在这样的过程中，就会慢慢掌握种植要点。另外，玫瑰的植株也慢慢强健，逐渐不需要打理，这时就开始体会无农药栽培的满足感了。

日本苗和欧洲苗

同样品种的嫁接花苗，如果是英国苗，用疏花蔷薇作砧木，而日本苗则用野蔷薇作砧木。这是因为野蔷薇较能耐受高温多湿的气候，在夏季炎热的地区，野蔷薇砧木的嫁接苗会更耐热，生长旺盛，而且株型紧凑，四季开花性好，花色也鲜艳。在选择花苗的时候，根据自己所在的地区选择合适的砧木吧！

砧木的花

砧木有时会发出萌蘖而开花，这时别以为是"开出不同的花，一定是发生枝变了"。到底是不是枝变，可以通过叶片来确认。只有叶片和原来的嫁接苗一样，才是枝变。如果是明显不同的野蔷薇状的叶片，就是砧木发芽开出的花了。

株型

● '粉绿冰'
灌木株型，匍匐型

在选择玫瑰品种时重要的是适材适用。头脑中有了要种植的玫瑰的颜色、香气、开花方式等后，还要确认株型。根据株型去寻找那些能实现理想风景的品种是成功的重点。

根据株型来选玫瑰，发挥品种的优势

1990年前出售的玫瑰，根据系统就很容易了解它们的株型，因为那时的分类比现在的分类要单纯得多。杂交茶香月季是四季开花、向上开花的大型花，属于直立株型。丰花月季是中型花，成簇开花，属于稍微低矮的直立型。还有植株和花都小巧的微型月季。藤本月季是'新雪''羽衣''新曙光'等类型的藤本品种以及杂交茶香月季的藤本变种。

1990年以后，杂交茶香月季的血统中加入了遥远的灌木玫瑰血缘，开始出现了表现出古典玫瑰的灌木株型和开花特性的品种。近年来玫瑰的杂交育种更加复杂，杂交茶香月季里也出现了很多灌木玫瑰，灌木玫瑰中也出现了直立型的品种，这样根据系统来推断株型的方法很多时候都不再适用了。同时，英国玫瑰、古典玫瑰的人气高涨，花朵下垂开放、枝条更加柔软的玫瑰品种不断增加，玫瑰的外观和表现力都更加多样化。

只看花的照片来决定种植场所，就可能种植到不能发挥该品种优势的地方。选择适合种植地点的玫瑰株型，进行符合特性的造型和牵引，玫瑰就会展现出优异的外观。顺应自然的特性，发挥出玫瑰的优点，这是我们和玫瑰相处的关键。

直立株型

比较紧凑的玫瑰，不需要支柱可以自行直立生长。适宜在阳台等小空间盆栽或庭院地栽。

直立株型，直立型

适宜在阳台等小空间盆栽或庭院地栽。在狭小的地方也竖直向上生长，容易管理。

直立株型，普通型

适宜在阳台等小空间盆栽或庭院地栽。标准的株型，很多直立玫瑰都是此类。

直立株型，横向型

在阳台等小空间种植时要用塔形花架收拢枝条，限制横向发展。建议庭院地栽，适合稍宽阔的地方。

藤本株型

枝条伸展力强，牵引到拱门、栅栏或是凉亭上会成片开花，实现美丽的玫瑰花园。

藤本株型，硬枝型

坚硬的枝条适合牵引到栅栏或墙面等宽阔的空间，直立向上，不适宜矮围栏。很多品种能大量开花。

藤本株型，柔枝型

柔软的枝条可以牵引到较小的塔形花架上或是窗旁。初学牵引的人推荐入手此类型。所谓柔枝指的是侧枝，不是主枝。

藤本株型，横向型

长势旺盛，枝条生长力强，适合大型的栅栏和拱门以及墙面等宽阔的空间，是能充分展示玫瑰魅力的类型。不适合小空间。

藤本株型，匍匐型

适合宽阔空间的地表覆盖等，也适合低矮而长的栅栏。还可用于覆盖凉亭。

灌木株型

直立株型和藤本株型中间的类型，属于半藤本。造型方法可以作为直立的灌木，也可以像藤本一样牵引到塔架或拱门上。

灌木株型，直立型

冬季修剪时稍微重剪可以保持直立，放任生长则成为藤本。直立性强，在脚下没有空间的地方也生长良好。

灌木株型，普通型

冬季重剪可以直立，放任生长则成为藤本。半藤本型，可利用修剪决定造型方式。

灌木株型，横向型

盆栽或庭院地栽时，冬季重剪可以保持直立，放任生长则成为藤本。枝条的横向伸展性很强，适合宽阔的位置。本类型多长势旺盛。

灌木株型，匍匐型

盆栽或庭院地栽，适合牵引到塔形花架或栅栏上，种植前要确保有攀爬或垂吊的空间。也适合矮围栏以及大型吊篮。

拱门

●'丰盛' Prosperity

●杂交麝香玫瑰●藤本株型 柔枝型 2.5m ●多次开花●中花、重瓣花●中香● 1919 年 英国 Pemberton

　　淡粉色花蕾开出纯白的多头花。强健，耐半阴。秋花也是大花簇，冬季修剪到较低位置可以作为灌木株型栽培。在白色玫瑰中特别值得推荐。

●'女神之杯'
Coupe d'Hébé

●波旁玫瑰●灌木株型 普通型 1.5m
●一季开花●中花、杯形花●浓香
● 1840 年 法国 Laffay

　　花形圆润，甜美的中粉色花朵香气怡人。侧枝柔软，可以作为藤本。

私家花园中的拱门
选择"不会过分伸展的玫瑰"

　　在决定搭设拱门之后，就恨不得早一日能让玫瑰爬满才好。这时候我们往往会选择那些生长力旺盛的玫瑰，到最后却因为它生长过盛而烦恼。其实，在一般私家花园中打造小拱门的时候，宽 1m、高 2m 的尺寸是恰到好处的。这种大小的拱门边栽种丰花或是灌木型的生长缓慢、枝条柔软的品种，可以造就非常美丽的花拱门。另外，玫瑰如果长势旺，花枝长，还不断冒出花枝在上方开花，会破坏拱门圆润的曲线。所以，选择在沿着拱门牵引的枝条不远处开花的品种，更适合拱门的造型。

　　更大一些的3m×3m的金属拱门，则可以种植'丰盛''科尼利亚''泡芙美人'等具有野蔷薇血统的杂交麝香玫瑰，巨大的花量可以造就令人屏息的美景。秋季会开花，作为藤本不会过度生长，可谓家庭花园的完美选择。而古典玫瑰中枝条柔软、生长适度的品种也很适合拱门，让你每次通过拱门时都可以闻到迷人的芳香。

● **'粉夏雪'** Pink Summer Snow

●藤本玫瑰 ●藤本株型 柔枝型 3m ●一季开花 ●中花、重瓣花 ●淡香● 1959 年前 日本 伊丹玫瑰园

别名春霞。淡粉色的花成片开放，持久性好，无刺，植株高大，耐半阴，适合新手。要注意防范红蜘蛛。

● Type 1 ● Type 2 ● Type 3 ● Type 4　　69

● '卡利埃夫人'
Madame Alfred Carrière

●诺伊塞特玫瑰●藤本株型 柔枝型 3m ●多次开花●中花、莲座状花●中香● 1879 年前 法国 Schewartz

　　香气迷人，花形高雅，是率先开花的玫瑰之一。生长旺盛，植株强健，初学者也可以安心栽培。耐半阴，可以种在房屋北面。肥料多会引起白粉病。

● '羞红大马士革'
Blush Damask

●大马士革玫瑰●灌木株型 普通型 1.5m ●一季开花●中花、莲座状花●浓香●德国

　　渐变的深浅粉色花朵精美无比，花瓣簇集而成的花心部分非常奇特。枝条柔顺，叶色灰绿，下垂开放的花朵洋溢着浪漫风情。

● '黄铜'

Desprez à Fleur Jaune

●诺伊塞特玫瑰●灌木株型 横向型 1.8m ●多次开花●中花、莲座状花●中香● 1830 年法国 Desprez

具有透明感的淡黄色花交杂着桃红色与杏粉色，色彩丰富迷人。莲座状花，枝条柔长，长势强，能开出大量花朵。

● '洛可可'

Rokoko

●灌木玫瑰●藤本株型 硬枝型 2.5m ●反复开花●大花、平开形花●淡香● 1987 年 德国 Evers

类似藤本 HT 的坚硬枝条，枝头下垂开放可爱的大花，典雅的花色特别适合搭配红砖墙等茶色系的墙面。

● '亚斯米娜'

Jasmina

●藤本玫瑰●藤本株型 柔枝型 2.5m ●反复开花●中花、杯形花●淡香● 2005 年 德国 科德斯

花朵中心深粉色，花瓣是柔和的粉色，心形花瓣组成杯形花，成簇开放时轻盈秀丽。叶片小而有光泽，抗病性强。

● '威廉·莫里斯'

William Morris

●灌木玫瑰●灌木株型 普通型 1.8m ●多次开花●中花、莲座状花●浓香● 1998 年 英国 奥斯汀

对家庭小花园来说，可以说是英国玫瑰里的顶级杰作。成簇开花，香气清新，柔软的枝条可以进行细致的牵引。

窗边

窗边的玫瑰必须有柔软的枝条

在窗边开放的玫瑰，需要不经意中自然蔓延的姿态，应选用枝条柔软的品种。另外，花茎很长的玫瑰会在距离牵引的枝条较远处开花，不适合窗旁。例如'藤蓝月'等 HT 系的藤本品种，即使刻意牵引到窗边，也会不断冒出开花枝，在窗顶上开起花来。

英国玫瑰中的很多品种是紧凑的藤本，较适合窗旁栽培。此外'西班牙美女''新曙光'等大花藤本玫瑰中的经典品种，枝条管理容易，也适合在窗边栽培。

● '西班牙美女'（粉色）
Spanish Beauty

● 藤本玫瑰 ● 藤本株型 柔枝型 3m ● 一季开花 ● 大花、平开形花 ● 中香 ● 1927 年 西班牙 Dot

飘逸的柔粉色波浪花形，香气四溢。20 世纪藤本玫瑰的代表，早花品种，在春季率先绽放。

● '伊芙琳'（杏色）
Evelyn

● 灌木玫瑰 ● 灌木株型 普通型 1.5m ● 多次开花 ● 大花、莲座状花 ● 浓香 ● 1991 年 英国 奥斯汀

浓郁的水果清香，名字来自和奥斯汀合作的英国同名香料公司。花形兼具细腻与奔放，层次众多的莲座状花。适合作为藤本。

● **穆里根蔷薇**

Rosa mulliganii

●野生种●藤本株型 横向型 5m ●一季开花●中花、单瓣花●中香●中国和尼泊尔原生

野生种，清新的小白花单瓣开放，形成巨大的花簇，覆盖整面墙壁和窗边。秋季结出同样数量繁多的可爱玫瑰果，营造出优美的秋景。

● **菲利塞特常青玫瑰**

Félicité et Perpétue

●蔓生玫瑰●藤本株型 柔枝型 4m ●一季开花●中花、重瓣花●中香● 1827 年 法国 Jacques

淡桃红色晕的白色花朵持久性好，大簇开放，枝条纤细，容易分枝，耐病性强，极强健。有四季开花的直立型枝变品种'小白宠物'。

凉亭

●'**超级埃克塞萨**'
Super Excelsa

● 藤本玫瑰 ● 藤本株型 柔枝型 2m ● 多次开花 ● 小花、球形花 ● 淡香 ● 1986 年 德国 Hetzel

　一枝开放 20~30 朵的球形花，华丽的多花品种。耐寒性和抗病性俱佳，生长力强，多次开花。藤本玫瑰中难得的多次开花品种，适合各种场所。

凉亭需要生长旺盛、下垂开放的玫瑰

　抬头向上看到密密盛开的玫瑰盛景，凉亭可以让我们体会到玫瑰栽培中的极致享受。选择可以沿着柱子攀爬到凉亭上方、再从下垂开出美妙花朵的品种吧。

　光叶蔷薇原本是匍匐型品种，继承了光叶血统的'五月皇后''朱朗维尔''白花巴比埃''超级埃克塞萨''鲍比詹姆斯''多萝西柏金斯''美国栋梁'等蔓生玫瑰，多在下垂的枝条开花，用于凉亭覆盖，效果非凡。

　'吉斯莱娜''蓝紫''蓝蔓'等野蔷薇杂交种的株型是直立生长一段后就开始横向伸展，也很适合凉亭。在空间允许的情况下，种植'奇福之门'这类在小空间不能自如伸展的品种，则可以看到其他地方无法实现的激动人心的场景。但是这种玫瑰要发挥最大的本领，会伸展到 10m 以上，需要根据凉亭的尺寸慎重考虑。

●'**奇福之门**'
Rosa filipes 'Kiftsgate'

● 野生种 ● 藤本株型 横向型 5m ● 一季开花 ● 小花、单瓣花 ● 淡香 ● 英国

　藤条生长旺盛，清新的白色小花一齐盛开，早花型，强健。适合半阴和北面的墙面，可以攀缘在落叶树上，秋季结出可爱的果实。

● '朱朗维尔'
François Juranville

●蔓生玫瑰●藤本株型 匍匐型 5m ●一季开花●中花、莲座状花●中香● 1906 年 法国 Barbier

　　攀爬到凉亭上后下垂的枝条上缀满粉色的莲座状花朵，耐半阴，可以种在房屋北边。

● '五月皇后'（见31页）

● '辛白林'
Cymbeline

●灌木玫瑰●灌木株型 普通型 1.8m ●反复开花●中花、莲座状花●中香● 1983 年 英国 奥斯汀

　　银粉色的莲座状花有着古典玫瑰的优雅风姿。颜色柔和，却有着独特的个性，属于人气品种，长势较弱。

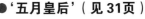
● Type 1 ● Type 2 ● Type 3 ● Type 4

栅栏

● **'柯莱特'** Colette
● 藤本玫瑰 ● 藤本株型 柔枝型 1.7m
● 反复开花 ● 中花、莲座状花 ● 淡香
● 1995 年 法国 梅昂

　　杏色的花茎随着开花渐变成桃红色，柔软的花瓣烘托出优雅的气氛。属于开花性好的小型藤本玫瑰。

'龙沙宝石'
Pierre de Ronsard

● 藤本玫瑰 ● 藤本株型 硬枝型 2.5m ● 反复开花 ● 大花、杯形花 ● 淡香 ● 1987 年法国 梅昂

　　浑圆的杯形花有着动人心魄的甜美。与优雅的花朵相反，枝条坚硬，不适合细致的牵引，易发生黑斑病，要注意预防。

低矮的栅栏选择枝条柔顺横向伸展的品种

　　选择用于攀缘栅栏上的玫瑰时最重要的就是看株型。从下部开始横向伸展的光叶蔷薇杂交种最适合低矮的栅栏。光叶蔷薇是沿着地面匍匐生长枝条的品种，继承了其血统的'朱朗维尔'等蔓生玫瑰也很适合。对于种在栅栏边的玫瑰，还有一个要求是枝条柔顺。只要从基部稍微向上，不是过分坚硬，就可以进行横向牵引。'芭蕾舞女''薰衣草冰'等大量开花的杂交麝香玫瑰，可以让栅栏变得华美缤纷。英国玫瑰作为一种紧凑型藤本，其中也有不少适于栅栏的容易造型的品种。

栅栏左侧是'藤冰山'，右侧是'朱朗维尔'

●'芽衣' Mei

●藤本玫瑰●藤本株型 柔枝型 2.5m ●反复开花●小花、球形花●淡香● 2001 年 日本 小松花园

深绿色的叶片衬托着淡桃红的花朵，继承了亲本'梦乙女'极好的抗病性，是一种优秀的藤本玫瑰。容易牵引，适合各种各样的场景。

●'藤冰山'
Iceberg Climbing

●藤本玫瑰●藤本株型 柔枝型 3m ●反复开花●中花、平开形花●淡香● 1968 年 英国 Cants

飘逸轻盈的花瓣纯白无暇，盛开时优雅绝伦。是进入玫瑰殿堂的名作'冰山'的枝变品种，花色之美与个性之强都名列前矛。攀缘在落叶树上也很壮观。

●'莫扎特'
Mozart

●杂交麝香玫瑰●灌木株型 普通型 1.8m ●多次开花●小花、单瓣花●淡香● 1937 年 德国 Lambert

深粉色的小花成片开放，花色比著名的'芭蕾舞女'稍微深些，对比鲜明。长势旺盛，容易栽培。二次开花以后保留残花，就可以在秋季欣赏到美丽的玫瑰果。

● Type 1 ● Type 2 ● Type 3 ● Type 4 　　77

墙面

● **'维奥利特'**（紫红色，见 37 页）● **'德伯家的苔丝'**（红色，见 43 页）

● **'藤夏雪'**
Summer Snow Climbing

● 藤本玫瑰 ● 灌木株型 普通型 1.8m ● 一季开花 ● 中花、平开形花 ● 淡香 ● 1936 年 美国 Couteau

　　开花性好，中小型花大簇开放，亮绿色的叶片和白色的花朵轻盈优美。刺少，即使家里有儿童也可安心种植。夏季叶片茂密时容易有红蜘蛛，应适当整理修剪枝条。

墙面适合生长旺盛的玫瑰

　　说到生长旺盛的玫瑰，首先就让人想起春季开花的蔓生玫瑰。例如'保罗的喜马拉雅麝香'等。如果不是很宽阔的墙面，很快就会被完全覆盖。特别是在北面的半阴墙面，环境条件恶劣，这些一季开花的玫瑰非常值得信赖。四季开花性强的玫瑰，由于经常开花，能量耗费巨大，比起一季开花的玫瑰生长力较弱。如果要想用四季开花的玫瑰来覆盖墙面，要在花蕾时反复摘蕾，不使它开花来促进枝条生长。

　　此外，还可以不要彻底覆盖墙面，而是利用墙面作为背景板。活用建筑物，展示出玫瑰的株型，同样很有韵味。

●'约克城'
City of York

● 蔓生玫瑰 ● 藤本株型 横向型 4m
● 反复开花 ● 中花、杯形花 ● 中香
● 1945 年 德国 坦陶

　　乳白色的花瓣搭配黄色的雄蕊，外形楚楚动人。深绿色的亮叶和花朵相得益彰。让枝条自然下垂，可以打造出绝美的春日风景。

●'贾博士的纪念'（见 37 页）

图片上方的黄色玫瑰是'吉斯莱纳'，下方是'贾博士的纪念'。

● Type 1 ● Type 2 ● Type 3 ● Type 4 　　79

盆栽

● '庵' Iori

● 丰花月季 ● 直立株型 横向型 0.8m ● 四季开花 ● 中花、重瓣平开形花 ● 淡香 ● 2011年 日本 Rose farm keiji

忧郁的茶色系花朵成簇开放，酝酿出独特的氛围。多用作切花，持久性佳，紧凑多花，修剪时保留长点的枝条，可以欣赏到下垂开放的优美姿态。

● '麦金塔'
Charles Rennie Mackintosh

● 灌木玫瑰 ● 灌木株型 横向型 1m ● 四季开花 ● 中花、圆球形花 ● 中香 ● 1988年 英国 奥斯汀

圆球形花，甜美粉色，与中型莲座状花相比，植株显得更大，长势较弱，需要摘蕾节省能量。

● '真夜'
Mayo

● 丰花月季 ● 直立株型 普通型 1.2m ● 四季开花 ● 中花、内卷形花 ● 浓香 ● 2010年 日本 河合伸志

带有紫色的黑红色花朵随着开放变成经典的皇家紫色。枝条柔软，可与其他植物和谐搭配。浓郁的大马士革香气，极有格调的品种。

盆栽玫瑰选择紧凑的品种

把玫瑰种在花盆里放置在阳台或是庭院时，选择要点是紧凑的株型。把大型品种种在花盆里，容易被风吹倒或是妨碍行动。'玛蒂尔达''莫奈''小托利亚诺''玫瑰花园''艾玛·汉密尔顿女士'等，都是株型紧凑的玫瑰。

同时，比起地栽，盆栽更容易保持良好的根部环境。纤弱的玫瑰用盆栽往往长得更好。感觉栽培困难的玫瑰，也先用盆栽细心管理吧！

从拱门向右是'玛丽玫瑰'，左起为'维多利亚女王'，盆栽的玫瑰有'玛蒂尔达''都''美咲'等。

塔形花架

● '蓝绪'
Emotion Bleu

● 灌木玫瑰 ● 灌木株型 横向型 1.5m ● 四季开花 ● 大花、圆瓣高心形花 ● 浓香 ● 2008 年 法国 戴尔巴德

　　属于暗粉花色的玫瑰中最强健的一种。富有分量感的圆瓣高心形花，端正规整。植株横向性强，推荐缠绕在塔形花架或是木格上。特别大的空间里可以欣赏自然的株形。

遇到困难找塔形花架！

　　塔形花架就是一个这么方便的道具。在精美的铁艺塔形花架上一圈圈缠绕上玫瑰花枝，花朵盛开时令人惊艳。把一些没有什么名气的品种介绍给别人时，用塔形花架来展示也是最好的推荐方式。例如人气品种'蓬巴杜玫瑰'，花朵很大但是花枝纤细，开花时经常垂头，遇到大风就会摇摇晃晃很容易折断。而把它缠绕在塔形花架上，在适当的地方固定住花枝，让花朵恰好在视线高度开放，就可充分展示出它的美感。枝条细长的品种，自然株型常显得头重脚轻。如果用塔形花架造型，就能通过攀缘和绑扎来实现整体的协调。

　　"种下了心爱的玫瑰，但是它超过预期地横向疯长！"有这种困扰的时候，沿着塔形花架把枝条收拢起来，就可以确保活动空间了。塔形花架还能制造出空间高度差，在小花园里演绎各种精彩的场景，实在是一款值得拥有的道具。

● '路易·欧迪'
Louise Odier

● 波旁玫瑰 ● 藤本株型 柔枝型 2m ● 反复开花 ● 大花、杯形花 ● 浓香 ● 1851 年 法国 Margottin

　　杯形到莲座状的花形变化，美丽动人，类似'维多利亚女王'，但是更有阳刚之气。从底部开始开花，适合各种场合栽植。

花坛

根据株高决定栽种的位置

在花坛或前庭花园种玫瑰时，要预先确认好品种的大小和高度，再进行选择。如果前方的品种太高，就会挡住后排的植株，即使开花也看不到。作为参考，株高不满 1m 的玫瑰种在花坛前列，1~1.5m 的玫瑰种在花坛中央，1.5m 以上的玫瑰要种在花坛的后排。至于怎么把花和叶片的颜色、质感组合起来，则要考验栽培者的眼光和审美了。

●‘维奥利特’（见37页）
●‘抓破美人脸’（见34页）

●‘雅克·卡地亚’（粉色）
Jacques Cartier

●波特兰玫瑰 ●灌木株型 直立型 1.2m ● 反复开花 ●中大花、重瓣花 ● 浓香 ● 1868 年 法国 Robert&Moreau

茎短，仿佛在叶上直接开出花来，深绿色的叶片富有特征。重瓣花，有时会出现纽扣眼，是极富吸引力的经典品种。抗病性强。

●‘淡雪’（白色）
Awayuki

●灌木玫瑰 ●灌木株型 横向型 1.5m ● 四季开花●中小花、单瓣花 ●中香 ● 1990 年 日本铃木省三

纯白的单瓣花搭配黄色雄蕊，富于东方美。适度牵引可以成为小型藤本，强健，容易栽培。

—— column 专栏 ——

尽可能保留叶片

我常从客人那里听到"得了白粉病和黑斑病，把枝条全部剪掉了"的说法。摘去少许患病的叶片是没有问题的，但是不使用药剂消毒，光靠摘去患病的叶片并不会消灭病害。另外，叶片虽然患病了，但还有光合作用的能力，所以即使患病了也不应该摘掉，而是保留着发挥余热。真的不再需要或是无法保留了，玫瑰会自己把这样的叶片脱落，然后发出新芽的。发出新芽意味着根部是健康的，健康的根部会让玫瑰不断地发出新芽，也就可以恢复活力了。

玫瑰的根部需要空气

为了让玫瑰健康成长，让空气传送到玫瑰根部非常重要。如果土壤坚硬，空气就不能充分到达根部。地栽玫瑰，到冬季时一定要改良土壤的透气性。这时如果把植株周围的土一口气都挖出来，把根部都切断，植株的长势就会猛地衰落下去。第一年把植株周围的土壤挖出1/3，加入堆肥、腐叶土、稻壳炭、树叶堆肥等，次年再换掉另外的1/3，后年再把剩下的1/3土壤更换完成。以3年为周期进行换土，玫瑰就会每年开放均衡的花朵。另外，新苗地栽的时候采用高垄种植，确保根部的透气性，会生长得更好。

玫瑰的 **12个月**

养护管理工作

在庭院里开出美丽的花儿吧！

适时进行适当的管理操作，让玫瑰

和玫瑰一起生活的 12 个月，

合成皮革手套
一直套到手肘的手套，可以安心进行修剪和牵引的工作。

日常操作的手套
手指活动自如，适合除草等工作。

手铲
换盆、换土时必需的手铲。

耙子
耙松玫瑰表面土壤时使用。

[12 月]

■藤本玫瑰的修剪和牵引　本月开始对藤本玫瑰进行修剪和牵引。尽早对藤本玫瑰进行牵引，花会开得更均衡，所以要把这项工作优先放在第一位。

■冬季修剪的准备工作　如果和平常一样浇水，修剪时养分会从切口流失，11 月以后就应该为了修剪而有意识地减少浇水次数。根据花盆的大小、用土、植株大小等改变浇水的频率，大致为平时的一半左右。气温下降，水分的蒸发也会减少。

■更换用土，加入堆肥　盆栽玫瑰生长不良，土壤变硬，就需要更换盆土。1~2 年应换土一次。对于长势旺盛的玫瑰，也是更换大盆的时机。地栽的玫瑰则应挖开基部加入堆肥，增加土中的微生物，创造透气性好的蓬松土壤，改善根部的生育环境。

■病虫害的防治　这个时期，病虫害的活动基本已经停止，除了对第一类玫瑰，喷洒消毒药剂很有效果。落叶、残花掉落到地面，会残留病虫害。

■防寒对策　天气变冷后，干燥的西风和北风增多，寒冷地区需要防寒对策。

[1 月]

■冬季修剪　元旦过后，就要正式开始灌木株型和直立型玫瑰的修剪。修剪同时也要摘除叶片，藤本玫瑰的牵引和修剪也要在 1 月完成。

■更换用土、加入堆肥　继续 12 月的工作，玫瑰处于休眠期，是更换盆土和加堆肥的时刻。

■病虫害的防治　继续 12 月的工作，本月是消毒杀菌的好时候，可喷洒预防红蜘蛛和蚧壳虫的药剂。修剪后，植株没有枝叶，可以有效消毒，特别是对第三类和第四类玫瑰，要认真做好消毒工作。

[2 月]

■修剪和换土　2 月中旬以后，新芽开始生发，最迟也要在 2 月中旬前结束修剪、换土等工作。

■病虫害的防治　第二类到第四类玫瑰，在休眠期做好防治，春季的病虫害就会减少。

■肥料　早花型玫瑰的追肥时间也基本到来了。芽已经长出 2~3cm 的，或是去年根系长得很好的玫瑰，都可以在 2 月下旬开始追肥。

铁锹

给地栽玫瑰添加堆肥时使用。

红陶盆

排水性、透气性良好，适合夏季高温使用的花盆。

条孔塑料盆

排水性极佳，适合根系深扎的玫瑰。

提袋

收集残花和枝叶用的方便提袋。

标签

即使记性很好也还是使用标签吧！

[3 月]

■浇水　3 月是乍暖还寒的时节，也是春意渐深的时节。常常会感觉到很暖和但是又来了寒潮，急剧的气候变化较多。冬季浇水的频率是 10 天左右一次，但气温急剧上升后就需要增加。稍不留心盆栽的玫瑰就会缺水，要特别小心！

■肥料　随着天气变暖玫瑰进入生长期，要开始施肥了。当年移植的玫瑰在新芽长到 2~3cm 时，再给予肥料。去年根系已经扎得很稳的玫瑰则从冒芽前就可以开始施肥。

■病虫害的预防　趁着枝叶还没有伸展，植株也还紧凑的时候，用杀菌剂把去年残留的病菌都一扫而光吧！在植株长大前喷洒药剂预防效果较好。等到天气变暖后，会很快出现蚜虫。3 月中下旬是白粉病的高发期，对于不耐白粉病的玫瑰品种要注意观察，做好防除工作。

■摘芽　对以大花为主的品种进行摘芽，让营养集中在一个芽头上，可以开出壮观的大花来。

[4 月]

■水和肥料　新芽快速生长的时候，比起 3 月，玫瑰会以快几倍的速度加速生长。对盆栽的玫瑰要认真浇水，为了保证生长速度，也要给予速效性的液体肥。

■病虫害的防治　白粉病、蚜虫病等相继出现的时候，要注意观察。防治白粉病的同时还要预防黑斑病，及时喷洒药剂。4 月下旬也要注意叶蜂。

■新苗的种植　4 月中旬开始适合种植新苗，不要打碎土团，直接地栽或是换上比买来时大两圈的花盆。

[5 月]

■欣赏花开　终于到了玫瑰花的季节，这个时期放松身心欣赏花开吧！

■摘除侧芽　HT 的花蕾长到红豆大小时就要保留 1 个中心花蕾，把其他侧蕾摘除，以便绽放出华美的大花。

■病虫害的防治　进入 5 月，青虫、毛虫多发，要认真观察，发现枝叶受损后，要及时捕杀。开花后也会发生蓟马，用药剂防治。

■开花后的修剪　开花后要进行花后修剪，为了二次花的顺利开放，要确认好修剪的位置。

园艺绑扎带
可以按想要的长度随意剪切和绑扎，方便的小工具。

麻绳
有各种颜色，可以绑出有设计感的造型。

修剪折叠锯
小巧，锯刃也薄，收纳简便。

园艺剪刀
用于修剪新芽和花枝。

修枝剪刀
用于冬季的修剪。

不锈钢丝
容易拉伸，选择需要的粗细使用。

■肥料　给大量开花的玫瑰喷施液体肥料，让衰弱的植株早日恢复。每月除了放置缓释性颗粒肥，还应该在不同时间点给予玫瑰液体肥，让植株重现生机。

［6月］

■大苗、盆栽苗的种植和换盆　大苗、盆栽苗，不要打碎根团直接栽到地里或是换到大两圈的花盆里。如果不想换更大的花盆，也可以保持原状。在花后修剪结束，植株负担较小的时候进行大苗的地栽和盆苗的栽植为最佳。同样，换盆也是在开花后修剪结束后进行。

■病虫害的防治　6月中旬以后进入梅雨季，雨天较多，这种时候和5月一样，病虫害的防治工作很重要。特别是长期下雨时要开始防治黑斑病。金龟子的幼虫在6—9月多发，必须严格防治。

■笋芽的管理　有些玫瑰品种开始冒出笋芽，笋芽带有数个芽头和花蕾，呈帚枝形。在它长成前要预估未来需要的株型，一边摘心，一边塑形。

［7月］

■病虫害的防治　继续喷洒防治黑斑病的药剂，天热后会有很多红蜘蛛发生，要细心观察叶片背面。

■开花后的修剪、疏蕾　6月末开始到7月初开第二次花，花后再次进行花后修剪。二次花后，在7—9月这3个月的炎热时间，即使出现花蕾也开不出美花，以摘除花蕾为宜。

■暑期对策　梅雨结束后天气会突然变热，要把不耐热的玫瑰放到阴凉处，或是套上第二层花盆，防止暑热。到7月中旬前必须结束换盆和植株下地的工作，避免在炎热期操作伤根。

［8月］

■浇水　9月中旬前都会持续炎热的天气，在炎热又长期不下雨的时候要给地栽的玫瑰浇水。如果浇水不到位，玫瑰的根系会向上发展，所以给地栽玫瑰浇水时，一定要浇到土壤深处，浇透为止。

■病虫害的防治　继续预防黑斑病，一旦在8月疏忽了喷洒药剂，9月会再次为黑斑病而烦恼。暑热期也要认真喷洒药剂。此外还要防治夜蛾幼虫。

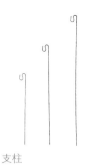

支柱

支撑、限制、整枝，魔法棒一般的有用道具。

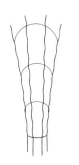

扇形支架

适合枝条柔软的玫瑰。

MO 塔架

为玫瑰制造一个展示场所。

简便三角支架

造型自如的支架，可以轻松牵引。

［9 月］

■夏季修剪　为了让玫瑰的秋花灿烂开放，要进行夏季修剪。修剪的顺序是灌木月季、HT、FL。按照到开花需要的时间顺序，有计划地进行修剪。

■病虫害防治　在秋季的阴雨开始前，要进行黑斑病的预防消毒。9—10 月是害虫集中产卵的时间，为了对付害虫，要做好观察。

■肥料　夏季修剪之后，开始给予肥料。速效液体肥料对于促进秋季开花很有效。但是，'格拉汉姆·托马斯''玛丽玫瑰'等灌木品种在这个时候施肥会造成枝叶疯长而不开花，成为"绿巨人"。对于这类玫瑰，在夏季结束以后不施肥，秋花反而开得更好。

■盆栽苗的栽种、换盆　等到 9 月中旬以后，最炎热的时期过去时，开始盆栽苗的栽种和换盆吧！

［10 月］

■欣赏秋花　尽情欣赏秋日的玫瑰吧！在温度较低的秋日里，即使同一品种也会开出和 5 月、6 月不同的花形和花色来。而且气温下降，花朵不会很快散落，持久性好，这也是玫瑰秋花的魅力。

■病虫害的防治　季节的变迁时节，气温下降后开始出现白粉病。白粉病在寒冷和炎热的时候是不会发生的。

■摘除顶花　10 月开花过后的花后修剪是只剪掉花梗。这是因为玫瑰即将进入休眠期，叶片进行的光合作用可以制造养分，所以尽量不要减少枝叶的数量。另外，剪掉顶花后，顺利的话在圣诞节前后会再度开花。

■大苗的栽种、换盆　10 月和 5 月、6 月一样，是栽种大苗和换盆的好时机，植株在进入冬季前扎根，对次年春季以后的生长会十分有利。

［11 月］

■冬季修剪的准备　停止施肥，减少浇水的次数，开始进入休眠期的准备。通过这些行为告诉玫瑰"马上要休眠了"！

■病虫害的防治　除了自然的落叶外，这个时期如果玫瑰叶片生病凋落，就可能会在冬季因为寒冷而枯萎。在进入休眠期时，要好好防治黑斑病，避免早期落叶。

玫瑰栽培管理的全年月历

要想让玫瑰灿烂开放，全年中这些修剪、牵引、施肥等按季节进行的养护作业必不可少。其中最重要的就是保护光合作用的大功臣——叶片不要掉落。特别是第三类和第四类的玫瑰，在梅雨季和秋季的秋雨季节，一定要认真做好喷洒药剂工作。

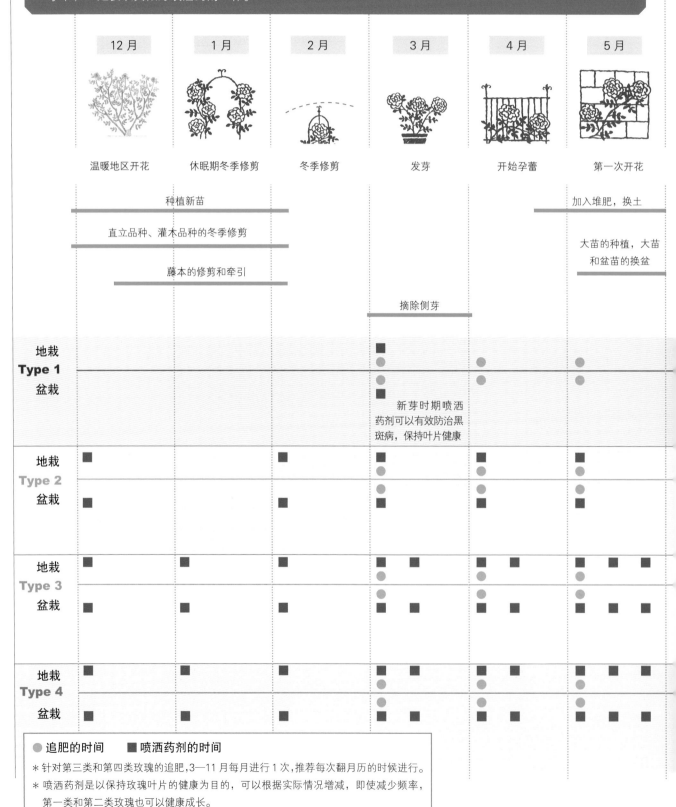

	12月	1月	2月	3月	4月	5月
	温暖地区开花	休眠期冬季修剪	冬季修剪	发芽	开始孕蕾	第一次开花

- 种植新苗（12月—1月）
- 加入堆肥，换土（5月）
- 直立品种、灌木品种的冬季修剪（12月—1月）
- 大苗的种植，大苗和盆苗的换盆（5月）
- 藤本的修剪和牵引（1月）
- 摘除侧芽（3月）

新芽时期喷洒药剂可以有效防治黑斑病，保持叶片健康

● 追肥的时间　■ 喷洒药剂的时间

＊针对第三类和第四类玫瑰的追肥，3—11月每月进行1次，推荐每次翻月历的时候进行。

＊喷洒药剂是以保持玫瑰叶片的健康为目的，可以根据实际情况增减，即使减少频率，第一类和第二类玫瑰也可以健康成长。

6月	7月	8月	9月	10月	11月
开花后修剪 冒出新芽	第二次开花	持续摘蕾	夏季修剪	秋花开花	秋季开花

种植新苗

大苗的种植，大苗和 盆苗的换盆

盆苗的种植，盆苗 的换盆

木香、缫丝花的 夏季修剪

夏季修剪

喷洒防止梅雨 期间病害的药剂最 为有效

喷洒防止病害 秋雨期间的药剂最 为有效

梅雨期间每月喷 洒2次防病害的药剂

秋雨期间每月喷 洒2次防病害的药剂

寒冷地区的 追肥到10月为止

秋雨期间每月喷 洒3次防病害的药剂

秋雨期间每月喷 洒3次防病害的药剂

寒冷地区的 追肥到10月为止

秋雨期间每月喷 洒4次防病害的药剂

秋雨期间每月喷 洒3次防病害的药剂

寒冷地区的追 肥到10月为止

* 以日本关东以西地区的气候为标准的栽培日历（译注：大致类似于中国长江流域），同样的地区因为小

环境不同，且每年的气候变化，会略有差异，仅供参考。

土与光

要想让玫瑰的枝叶健康成长、根系发达结实，必须准备好土壤环境。另外，充分沐浴在阳光下的玫瑰枝叶也强健坚韧，这样的玫瑰栽培也就变得轻松了。

最重要的根

种植玫瑰的时候，最重要的是根。根从土中吸水送到叶片，叶片通过光合作用把营养送到根部，这样的反复相互作用中玫瑰不断成长起来。为了枝繁花密，为根系创造健康成长的环境非常重要。

玫瑰的根系在潮湿的环境里会发生腐烂，一直干燥又会干枯。根系周围土壤的最好状态是定期的干湿循环，植株在这种干湿循环里感受到轻微的压力，刺激根部主动寻找水分而向深处伸展。

要选择富含空气的土壤

玫瑰的用土选择应以在炎热的夏季里不给植株负担为第一原则。以日本的气候条件而言，除了夏季，其他季节都没有什么值得担心的。虽然栽种玫瑰的时候是冬季，但要为玫瑰考虑度夏的问题，选择合适的土壤。以赤玉土为基本成分，加入稻壳炭、马粪堆肥等，为玫瑰准备既有保水力，又有极佳透气性、透水性的土壤吧！

要想培育能应对环境变化和病虫害的健康植株，土壤的透气性非常重要。种植苗的时候，从上按压土壤、或用脚踩踏夯实土壤都必须严禁。为了让土壤里的空气输送到玫瑰根系，应让土壤依靠自身的重量下沉，而不要从上面施加任何多余的压力。盆栽通过冬季换盆，地栽则通过深耕和加入堆肥、把变硬的土壤打碎，创造出空气流通的通道，这些都是非常重要的作业。

阳光照射下茁壮的玫瑰，生长迅速

仔细观察叶片，没有怎么施肥的玫瑰叶片小而厚实；给予太多肥料，叶片就会长得大而薄。这样的叶片容易罹患黑斑病和白粉病。即使是同一个品种，栽培方法不同，抗病性也不一样。

在大肥大水下长得软弱的玫瑰容易生病，寿命也短。相反，接收了充分光照的植株，叶片制造出足够的养分，则不断茁壮生长，叶片有厚度，一直在枝条上着生不掉落，植株充实有力。枝条也紧凑壮实，即使落叶也可立刻生发新芽。这样的植株耐寒性好。

秋季把壮实的玫瑰枝条用锋利的小刀横向切开，就可以看到木质部的厚度。叶片一直保持到最后的植株，枝条木质部分较厚，秋季玫瑰植株长到这样强壮，算是非常成功的了。

重点关注植株而不是花

栽培玫瑰的时候，把重点放在花上是不利于玫瑰栽培的。把重点放到花上，就会觉得摘取花蕾，剪掉花朵是很残忍的事，这样心慈手软下去，只会让植株变得柔弱。所以把重点放在植株上，才是玫瑰栽培的基本。

玫瑰栽培的成功秘诀在于了解到玫瑰的植株才是制造出美丽花朵的"艺术家"，花朵说到底不过是它的作品而已。我们的工作就是要让制造花朵的艺术家从头到脚都保持活力。

对于玫瑰来说，开花是件很繁重的工作。四季开花的 HT 和 FL 这类品种已经被人类改良成能在一年中重复几次开花这样繁重的工作。而一季开花的玫瑰野生种，则是从春季到初夏只开花一次，后面一直都在休养。一年完成一次重大的工作，其他的季节都只需生枝长叶，精力集中，自然就更加强健。

土和堆肥

通用培养土
和玫瑰专用土相比，水性更好的土。推荐给在小花盆培育玫瑰或经常容易忘记浇水的人，性价比也更高。

玫瑰专用土
赤玉土、腐叶土、轻石、稻壳炭等天然材料混合而成，透水性、透气性都极佳，能促进根系生长。推荐给希望玫瑰早日长大，用大花盆培育玫瑰和喜欢浇水的人。

100%堆肥
适合高温多湿气候的堆肥。混合马粪、树叶堆肥、稻壳炭等土壤改良材料，让土壤更加蓬松。

*译注：本处以作者的"玫瑰之家"的土壤配方为例，读者可根据实际情况自行配制土壤。

种植玫瑰

地栽

把有机肥放入种植穴的底部。

50cm

50cm

1 不加基肥。如果种植场所的土壤较好就加入一些堆肥即可，土壤不好则加入营养土，改良土壤，调节根部环境。

2 为了保证土壤透气性，种植苗的周围不要用脚踩。

3 种植新苗的时候，为了防止风吹动苗需立支柱。

肥料和堆肥这两个词经常因为说法接近而产生混淆，在种植玫瑰苗的时候需要的不是肥料而是堆肥。为保证土壤有足够的保水性和透气性，调节玫瑰根部环境，需要加入大量堆肥。

从前种植玫瑰的时候通常会加入基肥，也就是油粕、骨粉、过磷酸钙、复合磷肥等肥料，但是加入过多基肥，对短期生长虽然比较好，但长期而言却会留下玫瑰吸收不掉的成分，让土壤变得不适合玫瑰生长。花盆栽培可以每年换盆，而地栽要把用土全部更换是很困难的。因此，在此推荐和过去不同的栽培方法，不要加入底肥，而是加入一些有机肥料代替，防止连作障碍。现在有很多好的有机肥、化肥、液体肥和缓释肥产品，玫瑰种植后可以根据需要随时再添加。另外在栽培时加入的堆肥不仅仅是动物性粪肥，也有腐叶土、稻壳炭、泥炭等植物性材料，这些也是适合玫瑰长期生长的。

1 划出种植孔的大小。

5 向种植穴里回填入翻匀的土壤。

2 挖掘一个直径 40~50cm、深度 50cm 左右的孔，为了防止种植孔底部变窄，铁锹要竖直地挖下去。

6 盆栽苗带完整根团种植，裸根大苗则把根系稍微剪掉一点再种。

3 准备完全腐熟的优质堆肥。如果当地的土质不好则还要准备种植土。

7 按嫁接苗接口高度，在苗周围做成甜甜圈状的浇水圈。

4 将挖好的土与堆肥和种植土一起混合。

8 浇水到圈内有积水，等水完全渗下去后再浇一次。

1 开花的新苗，为了减轻植株负担，剪掉花。

5 留出浇水区域，放好根团。

2 选择透气性好的深花盆，购入时如果是6号盆就换8号盆，即大两号的花盆。

6 加土，把嫁接口留在土面上。

3 加入种植土，根据浇水的方式，选择合适的种植土。

7 为防止新苗被风吹倒，设立支柱。

4 用手指夹住植株将盆翻过来，快速拔出植株。

8 充分浇水直到从花盆底孔有水流出，数十分钟后再次浇水。

盆栽

把有机肥放入花盆的底部。

1 更换到比买来时的花盆大两号的花盆中。（新苗推荐直接换入6号/18cm口径花盆）

2 为确保土壤的透气性，种植苗的周围不要用手按压。

3 为防止新苗被风吹倒，设立支柱。

4 不要立刻施肥，种植后1~2周再施肥。

5 有机颗粒肥可以立刻使用。（透气性差的花盆要加入盆底石）

比起地栽，盆栽更容易控制玫瑰根部附近的土壤环境，对于新手值得推荐。公寓里的阳台、楼顶花园、独户住宅的小院子，只要能够保证一定时间的日照，都可以自由地把玫瑰栽在花盆里，欣赏美丽的花朵。在买入新品种的玫瑰后，首先用盆栽管理来了解这种玫瑰的品性，也是一个好方法。

盆栽玫瑰很重要的是选择花盆。玫瑰根系会向下伸展，适合选择深花盆。推荐有透气性、透水性，能对应夏季的暑热，底部离地面2cm左右的距离的花盆。多数人会认为花盆越大越好，其实和植株的大小相比，花盆过大也不行。买回花苗后，根据植株的生长状态，换成大两号的花盆较为适宜。

选择玫瑰的种植土时，喜欢浇水的人要选排水性好的土，不太经常浇水的人要选择保水性好的土。总之，选择玫瑰的花盆和种植土都要根据自身的情况。

翻盆

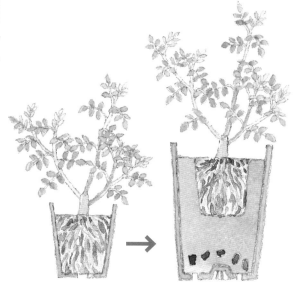

把有机肥放在距根系有一定距离的花盆底部。

向玫瑰请教换盆的时机

- ■ 叶片变黄掉落
- ■ 花盆里有水分但是枝梢蔫萎

　　充分浇水了但是下部的叶片还是变黄凋落、新芽的枝梢还是枯萎……这就是玫瑰在告诉我们"需要换盆了"的信号。很多时候发生上述问题的原因是根系盘结，所以要通过换盆来给予根系更多的生长空间。早晨浇透了水，不到中午枝梢就发蔫，这表示相对于玫瑰植株的体量，土壤的保水量已经不足，需要通过换盆来增加土壤的保水量。换盆的时机一般是根据日历和季节来进行，但是如果玫瑰已经明确地表示出需要换盆的信号，就不要在意时间，马上换盆吧。对于初学者来说，为了保险起见可以避开 7 月下旬到 9 月上旬的炎热时期。任何时候都要注意观察玫瑰的生长状态，及时掌握玫瑰给我们的信号。

1　敲打花盆，让花盆和根团分离。

5　留出最少 3cm 的浇水区域，没有这个区域，水就不能均匀地被土壤吸收。

2　用手指夹住植株翻过盆来，快速拔出花苗。不要弄碎根团。

6　加入培养土。完成花后修剪时是换盆的最佳时机。

3　根系生长到全满的状态，经常浇水也会很快干掉就是要换盆的信号。

7　不要用手压土，轻轻摇晃花盆让土壤均匀下坠。

4　选择大两号的花盆。在底部放入种植土，把整个根团放入到花盆里。

8　充分浇水直到水从花盆底孔流出。

盆栽的换土

1 敲打花盆，让花盆和根团分离，从花盆里拔出花苗。

2 揉碎根团时内心想着"这一年努力开花，辛苦你了！"为玫瑰根系做个全身按摩。

3 有时须根过度缠绕就用剪刀剪掉一些，但是绝对不可伤到主根。

4 把根系放在水里浸泡 2~3 小时，让它充分吸水。

5 在准备好的花盆里放入优质的种植土。

6 让根系均匀地伸向四方，这时也可调整枝条的倾斜方向等。

7 在空隙里加入种植土，留出 3cm 左右的浇水空间。

8 充分浇水，1小时后再浇一次，让水均匀渗透进花盆。

地栽时添加堆肥

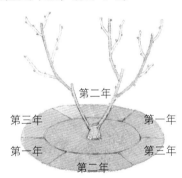

根部 3 年撒一圈堆肥

　　玫瑰种植数年后土壤变硬，失去透气性，这时需要挖开植株周围土壤加入堆肥。一口气把植株周围土壤都挖开会损伤根系，导致植株衰弱，所以把周围的土壤六等分，每年在对角线的两个地方挖开加入堆肥。加入相对挖开土壤两三成量的堆肥，混合均匀。

第二年

第三年　　　　第一年

第一年　　　　第三年

第二年

堆肥也可以堆在根部

　　不方便给花盆换土的时候，或是没有时间给地栽玫瑰添加堆肥的时候，可以直接把堆肥堆在地表，堆出 2~3cm 的厚度。这样每次浇水时腐殖成分会深入土里，玫瑰的生长状况也会改善很多。注意使用优质的堆肥。

肥料

"玫瑰为什么枯死了呢？"大多数情况下的原因都是肥料和水给得太多。肥料说起来不过是为玫瑰的枝叶进行光合作用的一个补充。肥料过多时，植株也会变得软弱，招致病害，所以要注意不能多施肥。

施肥的要点

不要给软弱的植株肥料

越是没有精神的植株，越是想给它施肥或浇水吧？没有精神的时候人会吃不下饭，玫瑰也是一样。施肥时首先要知道的是，对于软弱的植株来说，肥料是一种负担。

在适当的时候施肥

每次翻月历时施肥

3—11月是玫瑰的生长期，这段时期每月在翻月历的时候施一次玫瑰缓释型肥料。肥料的作用会像下图的曲线一样慢慢发挥出来，在肥料作用慢慢消失时再进行补充。

| 3月 | 4月 | 5月 | 6月 | 7月 | 8月 | 9月 | 10月 | 11月 |

— column 专栏 —

便利的液体肥料喷壶

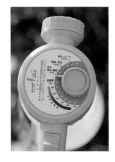

将液体肥料和活力剂按一定比例稀释后，用肥料喷壶喷洒非常方便。还可以旋转旋钮改变比例，各种厂家的液体肥、活力剂都可以按20~500倍的比例指定。也可用于叶面喷水，在天热时用于降温也很便利。

※不可用于喷洒药剂。

缓慢长期生效的有机肥料

颗粒有机肥
（超级有机肥料）

天然有机肥料可为土壤增加有用的微生物，改变根部的环境，让叶片肥厚和茎干硬实。左图为加入了壳聚糖（抗菌）、印度楝树提取物（防虫）、海藻矿物质等精制而成的有机肥料。掺入土中拌匀后使用。

1 根据花盆大小，数出适合的数量。 2 稍微挖开表土，混入土中，就不会引来小黑虫和产生异味。

立刻生效的化学肥料

氮磷钾比例均衡颗粒肥
（氮：磷：钾 =10：10：10）

氮磷钾比例均衡的肥料也就是所谓均衡肥。除了玫瑰，草花和蔬菜也都可以使用，立刻生效，不会伤根，每月一次为宜。

1 根据花盆大小，在花盆表面放置适量肥料。 2 速效性肥料宜在换盆后1~2周再使用。

column 专栏

早春在什么时候施肥？

3 月到了玫瑰的生长期，就可以开始施肥了。当年打碎根团后重新种植的玫瑰，应在新芽生长到2~3cm 时开始施肥。注意观察叶片，叶片展开是根系已经做好开始吸收肥料的准备的标志。而那些去年的根系扎得很好，或是在土中持续生长的玫瑰植株，则可以在叶片展开之前就开始施肥。

肥料的量根据玫瑰种类而异

玫瑰的种类不同，肥料用量也不同。对普通玫瑰给予一把肥料时，纤细的玫瑰可能只需要半把。对于第四类需要精心养护的玫瑰，肥料应按说明书的一半左右施用。施肥量应根据具体情况而改变，对于栽培难度高的玫瑰，原则是少肥。

让植株恢复活力的活力剂

促发玫瑰的活力，培养不惧病虫害的植株。帮助创造适宜玫瑰健康成长的环境。

速效性的液体肥料

（溶入水中使用的肥料）
预防植株在夏季中暑应选择速效性的液体肥料，用喷雾器喷洒叶面，从叶面吸收更有效果。

每1升水加入1克肥料，搅拌均匀，作成液体肥料用喷壶喷洒。

浇水

令人意想不到的是，浇水其实很难掌握。面对排成一排的玫瑰植株，从头到尾按同样的分量浇一遍水是错误的。玫瑰的类型、植株的大小、花盆的大小不同，浇水的方法也不一样。下面我们就来温习一些关于浇水的基本知识。

地栽

地栽玫瑰种植 2~3 周后就开始生根，在那之后就不再需要浇水。玫瑰的根系在土中深深下扎，自己会吸收水分送到枝叶上。如果土壤一直保持湿漉漉的状态，玫瑰的根系就不会伸展。在种植 2~3 周内，根系长出前可以和盆栽一样浇水，之后就要逐步控制浇水，让玫瑰自己伸展根系吸收水分。地栽玫瑰在扎好根后，除非夏季有数个星期连续不下雨时要补水外，其他时候都没必要浇水。

给玫瑰浇水时需要掌握的 "5个基本点"

1 地栽的玫瑰在根系长好后基本上不需要浇水。

2 盆栽的玫瑰，全年都需要浇水管理。

3 浇水的基本原则是干透浇透。

4 把浇水区域浇满，直到有积水且花盆底部有水流出，这才表示浇透。

5 从高处粗暴洒水时，土会溅起落到叶片上，导致黑斑病。要在靠近土表的位置细心浇水。

盆栽

盆栽玫瑰全年都需要水分管理。浇水时间为早晨到上午，这时的蒸发作用和光合作用都很活跃。浇水时要让土壤保持干透湿透的循环，也就是在确认土壤确实已经足够干燥了，再浇水到有水流出为止。如果土壤常年处于潮湿状态，表示浇水过度了。浇水过度的苗自身根系不发达，柔软虚弱，也无力对抗病虫害。

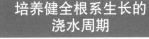

培养健全根系生长的浇水周期

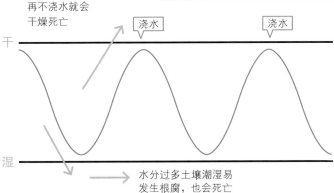

再不浇水就会干燥死亡

干

浇水　浇水

湿

→ 水分过多土壤潮湿易发生根腐，也会死亡

查看盆栽玫瑰的新芽 把握浇水的时机

玫瑰的新芽是玫瑰植株反复进行细胞分裂后长出的生长点。这个生长点的状况也体现了玫瑰现在的生长状态。如果新芽发蔫，表示水分不足。平时注意观察盆栽玫瑰，在新芽开始打蔫的时候浇水就是最佳时机。如果植株长期处于水分不足的状态，根系同样不能生长，或者会彻底枯死。当下部叶片发黄了就要注意。

端起花盆掂量 就可以知道土壤的干燥程度

一般的玫瑰种植参考书里常会写"土壤表面干燥后浇水到底部有水流出"，但是土壤的干燥程度很难从表面看出，有时表面已经干燥但是底下的土还是很湿（特别是大盆）。新手可以用手指插入土中试探干湿程度，这样可以确保真实了解盆土中间的状态。另外，把花盆拿起来掂量也可以知道土壤的干燥程度。记住盆土干燥时的分量，以后就可以以此作为标准了。

充分浇水，直到有大量水从底部流出。

— column 专栏 —

持续阴天后放晴或是 突然天气变化时

持续阴天后放晴或是突然天气变化时，也有玫瑰新芽打蔫的情况发生。这是因为在持续阴天时长得像豆芽一样的玫瑰突然被太阳照到，根系一时不能把水分吸收传送到新梢上，这时可以给叶片反面或两面喷雾。因为除了根系，玫瑰的叶片也可以吸收水分和营养，而且喷雾还能防止叶面的水分蒸发。

纤细的玫瑰、进口苗 不要过度浇水

'拿铁艺术''加百列'等第四类玫瑰，水分的吸收和蒸发都很弱，不要过度浇水。如果和强健品种一样浇水，植株不能吸收，土就一直处于潮湿状态，发生根腐病。同时，进口苗生长速度较慢，如果和国产苗一样浇水也容易发生根腐而枯萎。

玫瑰的病虫害

玫瑰的两大病害是白粉病和黑斑病。家庭种植时里针对玫瑰的病害对策就考虑这两种即可。玫瑰的虫害发生部位分为叶、根、茎。平时仔细观察，在病虫害扩散之前早期防范是要点，详细对策请参见下面。

黑斑病

● 发病时期：4—12月（特别是梅雨和秋季的长雨期间）。
● 症状：叶片上出现黑色斑点，严重时叶片变黄，落叶。主要原因是霉菌，病斑上的孢子被风雨打落溅泼到周围的叶片上而传染。
● 对策：喷洒预防用的药剂，发生之后喷洒治疗药剂。为了防止传染经常清除落叶。

白粉病

● 发病时期：3—7月，9—11月。
● 症状：叶片、枝条、花蕾都遍布白色菌丝。
● 对策：喷洒预防用的药剂，发生之后喷洒治疗药剂。喷洒药剂前要用喷雾器强力喷水洗净菌斑。

红蜘蛛类 / 叶螨

● 发生时期：5—10月。
● 症状：肉眼很难看清的小型蜘蛛，附着在叶片反面吸取汁液，导致叶片变枯黄，严重时会出现蜘蛛网。
● 对策：喷洒预防药剂，发生后立刻喷洒杀螨剂。红蜘蛛在发害初期喷药最有效。

蚜虫

● 发生时期：3—11月。
● 症状：聚集在花蕾和新芽上吸取汁液。
● 对策：发现后用手指捏死后扔掉或喷洒药剂。

介壳虫

● 发生时期：全年。
● 症状：吸取枝干汁液导致植株衰弱。
● 对策：用小牙刷刷掉或者喷洒药剂。

叶蜂幼虫

● 发生时期：4—11月。
● 症状：成虫在茎上产卵，孵化出的类似小青虫的幼虫聚集成群咬噬叶片。
● 对策：发现聚集有幼虫的叶片后摘掉丢弃，或者喷洒药剂。

金龟子幼虫

● 发生时期：6—10月。
● 症状：成虫啃食花和蕾，幼虫在土下食根，导致植株枯萎。
● 对策：为了避免成虫在根部产卵，进行地表覆盖。若从土中发现有幼虫钻出，用药水灌根。金龟子夏季产卵，产卵期做好用药工作，就可以减少次年虫害发生。

象鼻虫

● 发生时期：5—11月。
● 症状：体长3毫米的小甲虫用口器刺入花蕾和新芽，会导致花蕾和幼芽打蔫下垂。
● 对策：发现后捕杀或喷洒药剂。

　　在植株基部发现有锯末状粉末就是幼虫啃食的证据。有时成虫在枝干上打洞产卵，幼虫从植株内部开始啃食，很容易导致植株枯死。把药剂用喷管从基部的孔洞里塞入，或是对准孔洞喷入药剂驱除。

天牛

● 发生时期：全年。
● 症状：夏季，成虫在植株脚下挖穴产卵，幼虫啃噬植物的茎干，导致植株枯死。
● 对策：捕杀或者喷洒药剂。

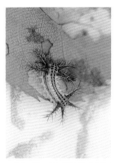

刺蛾幼虫

● 发生时期：7—10月。
● 症状：幼虫啃食叶片，体表有毒针，触碰到会剧痛，要注意。
● 对策：发现后捕杀，或者喷洒药剂。

蓟马

● 发生时期：5—11月。
● 症状：褐色粉末状小虫，在花和叶片反面吸取汁液。
● 对策：发现后掸落，或者喷洒药剂。

玫瑰巾夜蛾

● 发生时期：5—11月。
● 症状：啃食叶片和茎，外形和玫瑰花的枝干十分相似，很容易看漏。
● 对策：发现后捕杀，或者喷洒药剂。

病虫害的预防和治疗

喷洒药剂的原则是"上三下七"

喷洒药剂的原则是叶片的上面和下面3:7的比例，从叶片的下方向上方喷洒，雾状的药水会落到下方的叶片上，这样计算的话药剂用量实际上就是5:5。

首先需要每天观察，以便及早发现病虫害。防治病虫害的关键在于早发现和尽早采取对策。下面我们介绍各种药剂的用法。

1 白粉病、黑斑病基本以预防为主。黑斑病一旦发生就会迅速蔓延，很难治疗。防患于未然是关键，避免过多使用药剂。

2 治理害虫的关键是"出现了就驱除"。

3 喷洒药剂以早晨为宜，这样喷洒后水分容易干。

喷洒药剂的注意要点

■ 准备口罩和一次性手套，做好防护工作。
■ 按照说明上记载的用量和用法使用，严格遵守规定的稀释比例。
■ 选择无风的上午来进行喷洒药剂。

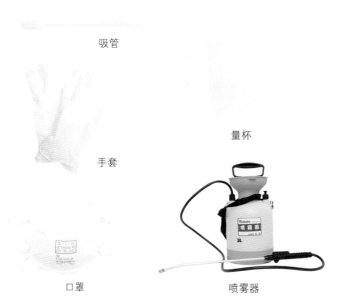

吸管

手套

量杯

口罩

喷雾器

1. 用吸管吸出规定量的药剂。　2. 按照比例加水稀释。
3. 倒入喷雾器。　4. 加压喷洒。

⌈白粉病、黑斑病、灰霉病、霜霉病、锈病等相关药剂⌋

预防型药剂

预防型药剂要均匀喷洒到叶片正反两面，使药液附着在每一处，避免病原菌趁虚而入。第三、第四类的玫瑰，从3—11月每1~2周要喷洒一次。

达克宁水剂　　克菌丹水剂　　代森锌锰水剂

※3种不同成分的药剂各备一瓶，轮流使用效果更好。

治疗型药剂

也可以作为预防型药剂。在黑斑病和白粉病发生时，作为治疗性药剂喷洒，在此推荐对环境危害小的产品。

苯菌灵水剂　　　氟菌唑水剂

四氟醚唑　　　　嗪胺灵

⌈害虫对策⌋

驱除蚜虫、蓟马的药剂

可尼丁水剂　　呋虫胺颗粒水溶剂

驱除毛虫、介壳虫

甲嘧硫磷乳剂

驱除红蜘蛛

联苯肼酯

⌈全效型防虫防病、方便好用的喷壶型药剂⌋

对白粉病、黑斑病、蚜虫、红蜘蛛等病虫害都有效，方便速效性治疗的药剂。在家准备2~3瓶，轮流使用。不适合需全面喷洒药剂的时候使用，也可在病害严重的地点集中喷洒。

"双击"（四氟醚唑+甲氰菊酯）　"泛喷"（可尼丁+甲氰菊酯+嘧菌胺）　"一喷灵"（毕芬宁+腈菌唑）

有机栽培派

从自然材料中提炼，对人和环境都更友善的园艺药品。

菜子油乳剂　　　脂肪酸类

⌈扩散剂⌋

在喷洒药剂时使用扩散剂可以让药剂附着在植物花叶和病虫害的表面，增强效果。

修剪

了解基本原则后修剪其实很简单！

玫瑰修剪大致分为以下3类

● 冬季修剪　　　　12月至次年2月
● 花后修剪
　第一次花后修剪　5—6月
　第二次花后修剪　6—7月
　秋季的顶花修剪　10月末至11月
● 夏季修剪　　　　8月末至9月中旬

让心爱的玫瑰
开出更加精彩的花朵

很多人认为修剪很难，其实只要了解了基本原则，修剪十分简单。大胆动手，即使稍微失误也没关系。

另外，玫瑰可以说是有多少个品种就有多少种株型，也有很多品种不能套用到基本规则里。即使是同一个品种，在庭院地栽的环境、栽培方法、开花方式不同，修剪也有很多差别，所谓"基本原则"仅供参考。通过亲自尝试玫瑰的修剪，再回头看看修剪的结果，玫瑰是不是开花了，开得多不多，株型好不好，等等。在开花的季节里回顾一遍，就可以掌握这个品种的个性。次年冬季的修剪，再尝试在新的位置用新的方法来剪，心爱的玫瑰就会渐渐开放得更加精彩，这种感动可谓是玫瑰栽培中的最大乐趣。

冬季修剪　12月至次年2月

一年中最主要的修剪工作就是冬季修剪。针对进入休眠期的玫瑰，剪掉枯枝弱枝，整理株形，配合花的大小，留下能够开出美丽花朵的枝条，冬季修剪就是这样的工作。

当然，冬季即使不修剪玫瑰也可以持续生长，长出很多细枝，开出比原来的花朵小的花，损害了品种应有的美感。另外枝条过于密集在高温多湿的夏季容易发生病虫害，把老旧的枝叶整理干净，让整体通风，可照射到阳光，这是冬季修剪的目的。

花后的修剪　开花后修剪

第一次开花后修剪，是为了第二次开花；第二次开花后的修剪，是为了秋季的秋花盛开，作用都是减少植株的负担，保证下一次的开花。同样夏季7—8月放弃开花而摘蕾也是为了尽量减轻植株负担，为秋花储存营养的方法。秋季开花之后，快速剪掉顶花，以储存营养，让玫瑰在圣诞节开花而做准备。

夏季修剪　8月末至9月中旬

夏季修剪不是必须的。其目的是为了让花朵开放在适宜观赏的位置，并把开花时间调整到最适合的金秋时节，也可以说是为了让秋花开得更加整齐。夏季结束时把枝条修剪整齐，秋季里一齐盛开的花朵将十分壮观。留下的枝条粗细大约和冬季修剪时相同，大型花是铅笔粗细，小型花是牙签粗细，中型花是一次性筷子粗细。除了针对花朵的大小做出调整之外，夏季修剪整体要比冬季稍微轻度一些。

玫瑰的冬季和夏季修剪需要了解的三大原则

1 根据花的大小决定修剪方式

大花在铅笔粗细（直径 8~10mm）的枝条上开放，中花在一次性筷子粗细（直径 5~6mm）的枝条上开放，小花在牙签粗细（直径 3~4mm）的枝条上开放。无论冬季还是夏季，修剪的基本都是剪到枝条粗细在该品种能开出正常花形的位置。

'约翰·保罗二世'

●花大的品种要深度修剪，留下铅笔左右粗细的枝条。

香叶蔷薇

●小花品种要轻度修剪，留下牙签粗细的枝条。

2 沿枝条水平方向剪

剪的位置在芽点5~10mm上方，用锋利的园艺剪快速剪断。切口较小可以防止寒风带走水分，工作效率也高，所以不要斜剪而要平剪。从前人们修剪枝条都会带有一定的倾斜角度，其实平剪并不会潴留水分。

斜剪容易形成枯枝，玫瑰只能吸水到有叶片的位置，芽上留下过长的茎干容易枯萎，要注意。

3 根据希望的株型，选择外芽和内芽来造型

朝向植株内侧生长的芽叫做内芽，朝向外侧生长的芽叫做外芽。要想塑造横向发展的蓬松株型，就要积极地保留外芽，而想塑造节省空间的紧凑株型，就要保留内芽，还要注意不要让枝条在植株内侧交叉重叠。根据自己需要的株形，剪切的位置也不同。

外芽　植株内侧　内芽

保留外芽塑造出分量感。　保留内芽塑造出紧凑感。　不特意保留外芽和内芽的均衡状态。

玫瑰 Rosa

玫瑰是双子叶植物，蔷薇科蔷薇属的落叶灌木。通常说玫瑰有五片叶，实际上它是由五片小叶组成的复叶。玫瑰有三片叶、五片叶、七片叶以及更多小叶的品种。玫瑰用叶片接收光照，通过光合作用制造养分，生长出枝叶，孕蕾开花。每片叶片的基部都有芽，到了一定的时期，芽就会伸展成新的叶片。

花瓣

花冠

花萼

花梗

托叶

芽

花茎

三片叶

刺

五片叶

●'红与黑'

什么是顶端优势

修剪和牵引的目的都是为了实现"希望玫瑰长成这个样子"。了解玫瑰这种植物的基本习性，就可以知道各种修剪操作所包含的特殊意义。

在较高位置的芽点更容易发芽

在较高位置的芽点其实已经做好了生长的准备，有时开花过后不知不觉中它就会萌发生长起来。

冬季修剪时把枝条剪到同样高度的理由

玫瑰茎干末端的顶芽是作为生长点来生长的，在同一株植株中，处于较高位置的芽集中了更多的营养。冬季修剪时把枝条剪到同样的高度，就是为了让所有的枝条得到同等的营养，可以一齐发芽开花。

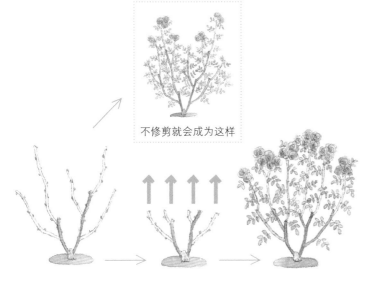

不修剪就会成为这样

不牵引就会成这样

藤本玫瑰牵引时把枝条水平拉伸的理由

如果对夏季向上生长的玫瑰枝条放手不管的话，第二年后养分就会都集中到枝条的顶端，只在顶端开出少量的花来。冬季把枝条水平拉伸，就可以让花芽处于同一高度，从而获得均等的养分，萌发出大量花枝，花枝短，花朵观赏性更强。

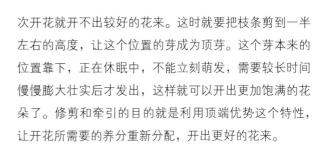

植物把生长需要的养分集中到较高位置的芽上的现象称为顶端优势，这是双子叶植物所共有的特性。玫瑰同样如此，会不可避免地把养分输送到较高位置的芽，让它生长。枝条顶端开花之后停止生长，稍向下位置的芽就会跟着做好发芽的准备。玫瑰的叶片根部长有腋芽，位置越高就越容易发出，就是因为它已经排在队列里等待着了。但是，让位置高的芽萌发，养分不充足，第二次开花就开不出较好的花来。这时就要把枝条剪到一半左右的高度，让这个位置的芽成为顶芽。这个芽本来的位置靠下，正在休眠中，不能立刻萌发，需要较长时间慢慢膨大壮实后才发出，这样就可以开出更加饱满的花朵了。修剪和牵引的目的就是利用顶端优势这个特性，让开花所需的养分重新分配，开出更好的花来。

摘心和花后修剪

摘心和花后修剪是玫瑰栽培中必不可少的要点，在这点上成为达人，就可以自由调整玫瑰的株型和花期，让玫瑰开出更好的花朵，栽培技术也得到提升！

摘心/摘蕾

以充实植株和促发分枝为目的，趁着植株枝条还幼嫩，摘掉芽和花蕾。摘蕾要趁花蕾长到红豆大小前进行。

早春的摘心

把柔嫩的枝条用手掐断，因为用手掐断的断面较为整齐，此后植株恢复更快，这样可以避免过早开花，让植株更轻松，根系发育更好。

利用春季摘心和夏季摘心，让花开得更美

有些时候客人会说："在店里买的玫瑰开得那么好，拿回家后开的花却越来越小，植株也越来越弱。"这很可能是因为施了过多的肥料或是持续在潮湿的状态下养成了虚弱的植株，短期内看起来长得很健康，勉勉强强开出花后，植株的生长就停止了。不要让植株在最初的时候过分疲劳，这样才能更健康地成长。

不管是新苗还是大苗，种下的第一年4月开始生长，冒出小小的花蕾后，都应该进行一次摘蕾。这次摘蕾后，植株可以稍微休息，然后依靠自身的体力生长枝叶，更好地扎根，冒出更强健的

芽来。恨不得早一天看到花朵的心情可以理解，但是经过这次摘蕾，开花只会推迟两周左右。当然，强健的玫瑰可以不断冒出苗壮的新芽，没有必要摘蕾，但是对于柔弱的玫瑰来说，为了保险起见，还是摘掉第一茬花蕾吧。

另外，5月末第一次花开结束，6月末到7月初开出第二轮花，在这之后的整个夏天都应该摘蕾以避免开花。第三轮花通常在梅雨之后开出，这时的花开不出标准的花形，因此，在欣赏过第二轮花后，最好把此后的花蕾都掐掉。玫瑰在夏日里储存营养，秋季就可以开出壮观的花了。

盲枝的处理

中途停止生长的花芽叫作盲枝，无论等多久也不会开花，一旦看到就应立刻掰除。盲芽是叶片发芽展开后就停止生长的状态，作为光合作用的一部分可以保留。

为了下次开花的花后修剪

修剪后大约40天左右再次开花

　　开花季节在第一轮花开后不要放置不管，要为了第二轮花来进行花后修剪。修剪过后40天左右会再次开花。

重度修剪和轻度修剪

　　剪的位置是在花茎的基部到花的中间位置，在叶片上方5~10mm的位置剪断。不希望HT的株高太高时，可以修剪枝条中间稍微向下些的位置。不过不管怎么希望降低株高，最少要保留3片以上或5~7片叶片，才可以发出健壮的新芽来。剪得越重，到下次发芽的时间越长，但是营养聚集较多，可以发出较壮实的芽，成为更健壮的枝条。剪得越轻，下次的芽越早发出，芽也越弱。秋季修剪时如果希望在寒冷季节到来前早些开花，可以适当在较高位置轻度修剪以便尽早发芽。修剪方式各种各样，经过不断尝试就会了解到在什么位置修剪，大约需要多久能发出什么样的芽了。

── column 专栏 ──

圣诞节开花的玫瑰

●'葵'
　　F&G玫瑰的一种，带有切花品种的血统，低温下也可以长出花芽，容易开花。

　　秋季10月中旬至下旬夜晚温度降低到15℃以下的时候，多数品种都不再着生花芽。这时可以进行顶花修剪，把最上方的叶片上冒出的花朵剪掉，保留叶片，让叶片进行光合作用充实植株。修剪顶花是轻度修剪，容易着生花芽，顺利的话植株会在圣诞节前后再次开出花来。

── column 专栏 ──

为了让HT开出更大的花来

摘芽

　　花后修剪之后，每根枝条都会发出2~3个新芽，如果保留所有的芽头，营养会分散，开不出大花。这时只保留其中最为壮实的芽头，其他的都摘掉。

掰除侧蕾

　　保留中心的花蕾，其他的侧蕾都去除掉，就可以开出花瓣数量多、直径大的花来。

藤本玫瑰的 5 个类型

首先我们来了解，给造园带来无穷乐趣的藤本玫瑰的特征。

'吉斯莱娜'

藤本玫瑰有 5 个类型

攀爬在拱门、栅栏、塔架、窗边开花，制造出立体景观的藤本玫瑰是花园里不可缺少的人气植物。这些玫瑰虽然都被归入藤本类，其实它们可以分为 5 个类型。根据需要搭配的棚架充分斟酌使用方法和展示方式后，选出适合自家的品种，开始和藤本玫瑰朝夕相处吧！

1. 带有野生血统的蔓生玫瑰

来自野蔷薇、光叶蔷薇等蔓生类的藤本玫瑰，适合覆盖宽广的栅栏或凉亭，抗病性好。大多数是中小花型，一季开花。这个类型中四季开花性强的杂交麝香玫瑰较为适合个人小花园。

2. 半藤本性的灌木玫瑰

以英国玫瑰为代表的半藤本性灌木玫瑰，比起其他藤本更加紧凑，不适宜覆盖过大的面积，擅长狭小空间，四季开花性强，有着浓郁的香气和流行的花形。

'红龙沙'

3. 大花藤本月季

'新曙光'以后发展出的品种被叫做大花藤本月季，有一定的生长力，能满足反复开花或四季开花的要求。品种有'唐璜''大游行''羽衣''新雪''赌场'等，颜色的选择也很多。（2008 年前国内引进的藤本月季基本为此类。）

4. 古典玫瑰中的藤本玫瑰

古典玫瑰中的藤本品种也非常有魅力，平均 2.5m 的株高，具有美妙的香气。从下部开始大量开花的品种很多，但是花色不太丰富，四季开花性差，以反复开花和一季开花为主。

5. HT或 FL 的枝变

HT 和 FL 的枝变产生的藤本玫瑰，花朵量大，华丽，枝条坚硬，抗病性差，基本都是春季一季开花。'藤本茉莉亚''藤蓝月'，就是其中的代表品种，如果修剪到和直立型一样高度就会不开花，必须有足够长的枝条才开花。

藤本玫瑰的品种选择

选择藤本玫瑰时，首先要选择适合覆盖的棚架。

● '雪雁'

Snow Goose

●灌木玫瑰 ●藤本株型 横向型 3m ●四季开花● 小花、球形● 中香● 1997 年英国 奥斯汀

清新的小花聚集成大簇开放，覆盖全株。刺少，柔软的枝条易于牵引，适合新手。可以作为其他玫瑰和草花的背景植物。

枝条下垂也能开放的玫瑰

玫瑰有着顶芽优势的特性，营养集中在最高处，从高处的花芽开始开花。所以一旦向上伸展的枝条下垂后就不容易开花。但是也有在下垂枝条上大量开花的品种，例如'白花巴比埃''朱朗维尔''多萝西柏金斯'，匍匐型的光叶蔷薇类玫瑰在下垂的枝条上也能大量开花。想要看到从凉亭上飘逸垂下的枝条上开满花的美景，这些品种值得考虑。

从基部开始开花的玫瑰

从基部开始开花的玫瑰适合栅栏、拱门、窗边，让空间从上到下布满烂漫的花朵。'超级埃克塞萨''多萝西柏金斯''鸡尾酒''安吉拉''罗森道夫'等，都可以从脚下开始开放，此类剪到较短也可以正常开放。

不管剪哪里都会开放的玫瑰

以野蔷薇为原本的杂交麝香玫瑰'科尼利亚''芭蕾舞女'等，可以忍受强剪，大量开花，而且反复盛开。

剪到较矮的位置也可以满株开花，造型的方法多种多样。选择时可以特别留意开花特性上四季开花和多次开花的品种。

刺少、枝条柔软的玫瑰

就像基本没有刺的木香，刺少、枝条柔软的藤本玫瑰在牵引时和修剪时操作都非常轻松。刺少的品种以'科尼利亚''雪雁'为代表，还有'拂晓''丰盛''月光'等，野蔷薇杂交种中也有不少刺少的品种。

花茎长的玫瑰和花茎短的玫瑰

玫瑰的花茎伸长在顶端开花，品种不同，花茎的长短也不一样。花茎短的品种适合围绕拱门等构造物的轮廓开花，而花茎长的品种则会在枝条伸长后冒出开花。还有像'雪雁'那样花枝细、柔软下垂的品种，看起来浪漫温柔，把它牵引到较高位置会更显得韵味十足。一般来讲，小花品种，花茎较短；大花品种，花茎也较长。

藤本玫瑰的修剪和牵引

5月满开时的'龙沙宝石'。

藤本玫瑰的夏季修剪和牵引

轻轻修剪枝梢部分

根据花朵的大小轻轻修剪枝梢，有些品种秋季还会开花。如果希望欣赏玫瑰果，就不要剪掉残花而是留下来观果。有时植株还没有长好，就不要让所有的枝条结果，而是适当地剪掉一些残花，减轻植株的负担。

把伸长的枝条牵引到需要的地方

要把夏季以后不断伸长的枝条牵引到需要的地方，到冬季之前也可以配合个人的需求，直接把竖直伸长的枝条固定好，但是藤本玫瑰的笋芽即使长得较长了也还很脆弱，要小心操作以免折断。

根据本身的株形来牵引

藤本玫瑰的冬季修剪以整理老枝、枯枝为主。从12月开始到次年1月是玫瑰的休眠期，把去年牵引的枝条完全放下来，从基部剪掉枯枝，再重新牵引。藤本玫瑰的操作看起来很复杂，其实根据植株本身的天然株型和性质来修剪和牵引就没有太多难度。"到底弯曲到什么程度合适呢？"这个问题和玫瑰的枝条去商量着解决吧。

牵引时首先从粗壮坚硬、不容易弯曲的枝条开始，其次是中等粗细和硬度的枝条，最后是纤细而柔软的枝条。同时根据仔细观察短距离、中距离、长距离的空间后来进行枝条的分配。

在狭窄的空间里不要勉强把坚硬的粗枝弯曲成"S形"等有难度的形状或沿着小型的塔形花架绕圈，这种强制的弯曲会让枝条感到压力，从而影响长势。相反，通过利用顶端优势，"增添枝条倾斜的部分"让植株整体开花，会使得花枝更短，开得更美。对于一季开花的玫瑰不要进行强剪，尽量让它保持自然的株型。

藤本玫瑰的冬季修剪和牵引

枝条之间以点交叉

枝条交叉时尽可能让枝条之间接触的面积减到最小，采用点状交叉来固定。枝条生长时不仅仅会伸长还会增粗，所以固定的时候要留有余地。

准备锯子

植株下部较粗的枯枝，用剪刀很难剪断，要用锯子来锯断。

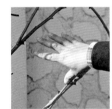

牵引时枝条保持间隔

枝条和枝条平行时，要保持一定的距离。注意不要让枝条之间贴得太紧。

植株根部错落修剪

玫瑰生长后根部会显得很冷清，这时如果长出新生的笋芽，就可以在距离地面30cm 处按照 HT 和 FL 一样修剪，使其在低位开花。

● '龙沙宝石'

完成老枝、枯枝的整理之后，从粗壮坚硬的枝条开始进行空间分配和牵引

从有一定年头的粗壮枝条开始优先分配空间，不要勉强拉伸。稍后再牵引那些柔软而容易造型的枝条。

完成冬季修剪和牵引后的'龙沙宝石'。在这里没有贴着墙面直接牵引，而是在前方用水管做成支架，保持良好的通风。

特别推荐的藤本玫瑰！
杂交麝香玫瑰的牵引

杂交麝香玫瑰的
人气品种'科尼利亚'

　　柔软的枝条不会过度伸长，刺也少，在半阴处也可以生长良好，抗病虫害。麝香的香气优雅迷人，可多次开花。'科尼利亚'继承了野蔷薇的血统，是杂交麝香玫瑰中的人气品种。下面就通过它牵引前后的状态，来详细学习这个类型的牵引方法吧！

'科尼利亚'

Cornelia

●杂交麝香玫瑰 ●藤本株型 柔枝型 2m ●多次开花 ●中花、平开型花 ●中香 ● 1925 年 英国 Perberton
　　柔和的杏粉色和可爱的花形非常动人，开花性好，沿着墙壁和栅栏种植时非常壮观。甜美的芳香迷人至极，刺少。

前页的冬季修剪和牵引的结果，在 5 月时花和蕾把栅栏完全覆盖。

栅栏对面也分配一些枝条。

日照和通风条件都绝佳的铝质栅栏。

枝条和枝条间隔开距离，避免彼此交叉。

按照枝条之间点式交叉的原则，穿插牵引。

植株基部像FL一样修剪，以利于低位开花。

冬季的修剪和牵引结束后，干净利落的植株。作者店铺"玫瑰之家"的'科尼利亚'。

灌木玫瑰的3个类型和修剪方法

灌木玫瑰
可以大致分成 3 个类型,
根据不同的类型特性来修剪

金光闪耀的大朵花有着令人窒息的美,浓郁的茶香,强健抗病性强,是英国玫瑰中一款优异的名花。

● '黄金庆典'

以英国玫瑰、戴尔巴德玫瑰为代表,灌木玫瑰可以说是现在人气最高的玫瑰,同时它也是特别容易让人混乱的一个类型。首先它是由野生种等各种系统的玫瑰反复杂交后,才产生出这样的灌木株型。灌木玫瑰有着浓厚的野生种和古典玫瑰的血统,株型富于野趣和自然感。根据花园环境和培育方法不同,这个系统的玫瑰最好的方法是把去年的修剪结果作为今年的参考,具体品种,具体对待。记住特定品种的性质,就非常好打理了。下文中我们把灌木玫瑰大致分成 3 个类型来分别学习它们的修剪方法。

1 灌木株型的灌木玫瑰
（英国玫瑰多数属于此类型）

灌木株型灌木玫瑰的修剪以轻剪为主。这个类型可以说枝条数等于花数,修剪的要点是轻度修剪,促发细分枝。枝条数增加,花朵数量也增加,就可以充分发挥出品种的优越性。另外反复开花、多次开花的品种,夏季的 8 月中旬过后就不要再追肥,秋季的修剪可以早些进行（标准为 9 月开始）,这样开花性会更好。这个类型的修剪方法也可以参考藤本玫瑰来进行。

灌木株型灌木玫瑰的冬季修剪

作为参考,在株高 1/2 处修剪,保留 1/2。中花型成簇开花的品种花量大、开花性好,可以稍微多保留些枝条。

灌木株型灌木玫瑰的夏季修剪

9 月上旬到中旬,剪掉 1/4 植株高度,保留 3/4。促进枝条分发细枝后,更容易产生花芽,所以要注意修剪得轻些。

夏季剪掉 1/4

冬季剪掉 1/2

这个类型的品种代表

'黄金庆典' '夏洛特' '自由精神' '欢笑格鲁吉亚' '格拉汉姆托马斯' '赛克勒' '慷慨的园丁'。

2 杂交茶香型灌木玫瑰

以戴尔巴德为代表的，四季开花、花茎较长的灌木玫瑰，夏季的修剪大约在从顶部开始1/2的位置剪，剩下1/2左右。这个类型的玫瑰春季成簇开花，秋季比春季花量少，必须剪到枝条像铅笔粗细的地方，聚集了足够的营养才能开花。如果剪得浅了会在高处分枝，枝条扭曲，开花也不佳。也就是说，夏季修剪要较早进行，剪得较低。修剪后植株需要时间生长，修剪晚了的话就会因天气寒冷而开不了花。参照HT（杂交茶香月季）类型的修剪可以发挥出这个品种的最佳特性来。

● '娜荷马'

杂交茶香型灌木玫瑰的冬季修剪

剪去株高的3/4，留下1/4的高度，到基部上方30~40cm的位置。花量大的品种特别需要这种较为重度的修剪。

杂交茶香型灌木玫瑰的夏季修剪

8月末至9月初，大约剪去植株的1/2，留下1/2的高度。剪到枝条较粗的位置，可以长出壮芽，开出花量来。

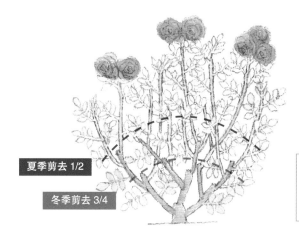

夏季剪去 1/2

冬季剪去 3/4

这个类型的品种代表
'娜荷马''美里玫瑰'
'欢迎''桃心''微风'。

渐变的橙色花亮丽明快，花茎带有红色，株型紧凑，是非常有个性的一款英国玫瑰。

● '艾玛·汉密尔顿女士'

这个类型的品种代表
'艾玛汉密尔顿女士''夏利法阿诗玛''玫瑰花园''安布里奇''格蕾丝''莫里纽克斯''温德米尔''牧羊女''葛拉米城堡''抹大拉玛利亚''麦金塔'。

3 丰花型灌木玫瑰

株型紧凑、四季开花的灌木玫瑰，在生长期间中强剪会导致长势变弱，开花后的修剪以轻剪为主。稍微修剪一下让枝条数量增加，同时也增加花量。这个类型四季开花性强，会不断冒出花芽，容易消耗体力，所以夏季冒出的花芽在长到红豆大左右时就应该用手指掐掉，以利于秋季开出饱满的花朵，避免无谓的体力消耗。

丰花型灌木玫瑰的冬季修剪

大致为剪掉植株的1/2，保留1/2。本类中型花较多，没必要剪到特别粗的位置。

丰花型灌木玫瑰的夏季修剪

9月10—20日，大约剪去植株的1/4，留下3/4的高度。目的是增加枝条，造就花量繁多的植株。

夏季剪掉 1/4

冬季剪掉 1/2

灌木玫瑰的藤木培育法

● '格拉汉姆·托马斯'

作为藤本玫瑰来培育长枝条

灌木玫瑰若在弯曲的枝条上大量开花，比较起向上开花的 HT 更有一种柔美的韵味。灌木玫瑰的枝条比较起 HT 和 FL 更加柔软，所以也以温柔的态度来为它造型吧！

1 '格拉汉姆·托马斯'作为藤本玫瑰来培育时的样子，尽可能不要通过剪掉枝条去降低株高。

2 枝条伸长需要根部的活力，为它换一个大花盆。如果不换盆，即使枝条长长了，花数也不会增加。

3 一边剪除枯枝，一边把枝条剪到直径 3~5mm（卫生筷粗细）的位置，如果是小花品种则剪到牙签粗细（3mm）的位置。

4 这样沿着柱子缠绕可以伸长到 2~3m，灌木玫瑰不适合生硬的牵引，稍微松散地绕着柱子固定即可。

作为藤本玫瑰时的修剪和
作为直立型时的修剪

灌木玫瑰在欧洲可以培育得很紧凑，但是到了日本，因为夏季高温多湿，会长得特别高。上图的'格拉汉姆·托马斯'，以及'玛丽玫瑰''遗产'等英国玫瑰品种都可以作为藤本来培育。一株可开出数百朵花，花色丰富、四季开花性强，香气迷人、有着古典玫瑰般的优雅花形，可谓优点多多。

灌木玫瑰和其他藤本玫瑰相比枝条更软，可以尝试各种造型方法。例如利用在温暖地区枝条长的特点，作为藤本玫瑰来培育，发挥出英国玫瑰的崭新魅力。另外，灌木玫瑰剪得较深就会变成直立型的灌木株型，又可以根据自己的需要来塑造成紧凑的直立株型。自由选择喜好的株型，这也可以说是灌木玫瑰的一大魅力吧！

作为直立型的灌木株型

在灌木玫瑰当中，有的种类可以按照 HT 或是 FL 来修剪，发挥出独特的个性。参见 116~117 页里介绍的灌木玫瑰的 3 个类型。

1 观察植株全体，把作为主干的枝条在直径 5~7mm 处剪断。

2 枝梢轻微修剪。

3 从基部开始，有意识地保留一些枝条，特别要保留柔软的枝条，丰花月季类要在稍高些的位置修剪。

4 完成柔美的株型。利用支柱把枝条稍微撑开，以显得株型更加蓬松舒展。

作为半藤本的株型
沿着塔形花架盘绕

沿着花架盘绕，其实不是非要绕着圆圈形盘绕。把枝条沿着塔形花架固定，因为花多数在枝头开放，所以重点是把枝梢固定在适合观赏的位置。

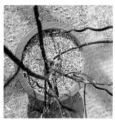

1 从花盆上方观察，插入塔架的支柱。这样观察的目的是让植株能均匀盘绕。

2 首先把主干的粗枝条按照枝条生长方向稍微斜向固定。大花的品种如果绕圈盘绕就会分散养分，开不出花来。用朝向花架慢慢靠近的趋势来温柔地固定。

3 如果只从一个方向观赏，就要把花枝朝这个方向固定。枝头的花最多，要朝向观赏方向固定。如果希望各个方向都可观赏，则要让花朵均匀分布，把枝梢分散在整个花架上来固定。

4 固定完成，再回剪到希望开花的地方，回剪时注意考虑到芽的方向。把玫瑰的枝条生长趋势计算进去，在稍微下方一点固定，也可以让花朵聚集在塔形花架的顶端来展示。

杂交茶香月季（HT）的造型方法

● '钻石千禧'

大花型四季开花的 HT，抗白粉病、黑斑病的强健品种。

把营养集中到一根枝条上开放出饱满的花朵

HT 是枝条粗壮，笔直伸展，花朵硕大的玫瑰类型。枝条太细或营养不足就不会开花，而成为不带花芽的盲枝。在粗壮的枝条位置修剪是基本。

HT的夏季修剪

HT 的夏季修剪是剪掉植株的 1/3 左右，留下 2/3。剪到枝条较粗的地方，让养分集中到一朵花上，可以培养出大而美的花朵。

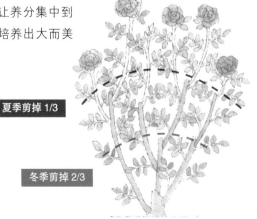

夏季剪掉 1/3

冬季剪掉 2/3

HT 的冬季修剪

HT 大花型的品种一般剪到枝条直径 8mm 左右（铅笔粗细）的位置，中花型的品种则剪到 5mm 左右（卫生筷粗细）的位置。冬季修剪的基本原则是剪掉植株的 2/3，留下 1/3。

1　首先保留到枝条直径 7~8mm 的位置，大致修剪一遍。

2　细枝条不会开花，全部剪除。大花型的玫瑰细枝上带有的花蕾很容易发展成为盲枝而不开花。

3　在前面保留几根 5mm 左右的稍细枝条，完成修剪。这样可以稍微增加花量，形成蓬松的氛围。这种修剪方式是最近的流行趋势。

4　如果要优先保证花朵的大小，则要把 5mm 左右的稍细枝条都剪掉。

'秘密之香'

丰花月季（FL）的造型方法

FL 的冬季修剪

中花型的 FL 剪到很深的位置只会减少花量，不能发挥它多头开花的特性。特别是小花型品种，只需轻微修剪到粗细 5mm 左右的枝条处，就可以促进分枝、增加花数。

1 观察看整个植株，首先决定观赏的方向，再开始修剪。只从一面看的话要把前面的部分剪矮些，从四面看的话要均衡修剪。在狭窄的住宅里，放在玄关等处单侧观赏的情况很多。

2 观察枝条的颜色和伸展状况，剪掉枯掉的枝条。中花品种在枝条直径约 5mm 左右的位置剪断。剪的时候距离芽 5~10mm，水平剪。

3 交叉的枝条一般应该剪掉，但是在此可以保留。珍惜这些花费一年时间培育出的枝条，来增加花数。

4 用花支柱撑开枝条，避免交叉。

'转蓝'

像花束一样开放大量的花

和 HT 相比，FL 有较多的细枝，分枝生长，好像花束一样大量开花，富有独特魅力。即使深度修剪也不会开出大花来，所以要保留较多的枝条数，让植株产生蓬松饱满的株形。

FL的夏季修剪

FL 的夏季修剪，是从植株顶部开始 1/4 稍下的位置开剪，剪成中间凸起的冠状形态。不用整理枝条，保留下来，秋季可以看到更多的花。

夏季剪掉 1/4

冬季剪掉 1/2

● **'法国蕾丝'**

乳白色的花瓣好像蕾丝般纤细，中花型，四季开花的 FL，花枝长，适合切花。

微型月季的造型方法

微型月季修剪时保留比牙签稍粗的枝条，让全株蓬松开花

微型月季和 FL 都会开放比较小的花朵，保留比牙签稍粗一点的枝条，均匀修剪全株即可。盆栽的时候，剪到和盆口平齐会生发出优美的株型。特别细的枝条也会开花，如果枝条过度拥挤则容易滋生红蜘蛛和发生白粉病，需要疏剪透气。可以用树篱剪大胆修剪，因为节间距离短，都可以很好开花。

微型月季的冬季修剪

按照株型修剪，把枝条长度剪去 1/4。为了预防红蜘蛛，过细的枝条剪掉为宜。

夏季剪去 1/4

冬季剪去 1/3

●'星条旗'

Stars 'n' Stripes

●微型月季 ●灌木株型 普通型 0.8m ●多次开花 ●小花、平开型花 ●淡香 ● 1975 年美国 Moore

红白条纹小花，是非常美丽的微型月季品种。富于个性的花色，蓬松的株型，适合自然风格的庭院。盆栽也适宜。

微型月季的冬季修剪

根据基本株形，按照 HT 和 FL 的剪法修剪。微型月季的节间较短，不用确认花芽位置，任意修剪即可。一边整理株形，一边保留下 1/3 左右的枝条长度。

1 查看整个植株，决定观赏的方向，只从一面看的话要把前方剪矮些，从四面看的话均衡修剪。

2 在比牙签稍粗的枝条处修剪，也可以用树篱剪大刀阔斧地修剪。

3 枝条数决定了花量，尽可能多地保留枝条。

4 使用玫瑰支柱，整理枝条的朝向。可造型成直立向上的株型、下垂的株型和花盆有一体感的株型等，根据花盆的放置位置决定喜好的造型吧！叶片展开后玫瑰支柱就会看不见了，不用介意。

'星条旗'

个人育种家奇迹般崛起！

个人育种家因为兴趣而培育出的玫瑰，最后成为世界知名的人气品种，这样的例子有不少。例如 2013 年进入玫瑰殿堂的单瓣玫瑰'莎莉·霍姆斯'，就是英国的业余育种家罗伯特·霍姆斯在 1976 年发布的玫瑰品种。通常专业的育种家会在每年发布 3~4 个品种，霍姆斯则是每 10 年才发布一个优秀的玫瑰品种。这种专业的育种家都不能尝试的挑战，反而是由业余的爱好者实现了它。所以各位爱好者也不妨尝试一下自己育种吧！

枝变的玫瑰

枝变是指同一植株的枝条发生变异，导致同时开出不同的花色。例如英国玫瑰中的'玛丽玫瑰'本来是粉色，但是从它枝变诞生了粉色的'雷杜德'和白色的'温切斯特大教堂'。各位在自己的庭院里仔细观察，也可能会发现由枝变而产生的新品种。

新品种的最终选拔者就是你！

一直得到众多玫瑰爱好者青睐的古典玫瑰，是那些经过多年选拔的经典玫瑰品种。在这个时代发表的众多新品种玫瑰里，我们每一个爱好者的栽培都将慢慢选出一些经典的玫瑰。作为最终的选拔者，培育这些品种，并且审查它们的魅力吧！

「罗莎欧丽」

「罗莎欧丽」是我培育的玫瑰系列，是具是有东方气质的玫瑰。

'新绿'

Wakana

●杂交茶香●直立株型普通型 1.5m ●四季开花●中大花、卷瓣●淡香● 2006 年 日本 木村卓功

淡绿色花在粉色花为主的花园里作为一个有趣的对比色而存在。对病虫害的抗性普通，但是长势旺盛，叶片掉落后也会发出新芽，适合新手。

在我上中学的时候，因为父亲的爱好，家里的切花玫瑰中间混种了一些花园玫瑰。这种与切花玫瑰不同的、有着浓郁香气的玫瑰完全迷住了我。当时我父亲作为切花玫瑰的生产者在日本的切花玫瑰生产技术大赛中获得了第一名，并且长期名列前茅。但是他认为从此以后的时代将是培育新品种的育种时代。19 岁时，我去参加了一个短期的海外研修，当时我去了法国的梅昂、荷兰的德伊塔、德国的坦陶和科德斯。从现在算来已有 20 年了，当时还是翘角高心的规整型玫瑰全盛的时期。在日本没有出售的植物品种以及庭院、花店都让我心动不已。但是其中我最有兴趣的还是玫瑰的育种，大概那时候就是我育种的开始吧。

回到日本后我开始疯狂地投入玫瑰育种，不断地培育，在我 20 多岁时培育出了'新绿'这个品种。在此后又进行了大约 10 年的长期试验，在我 30 岁后半年的时候才公开发布。玫瑰的育种需要很长时间，最快也要 3 年，长的话需要 10 年。育种除了技术上的要求，更需要长期保持对玫瑰的热情。

35 岁以后，我考察了法国的戴尔巴德公司，后来又考察了数个英国的玫瑰苗圃。在这些考察中得到的真切感受是：玫瑰正在朝着越来越强健的方向发展。"种下后没有什么养护压力"——如果不能达到这点就不能得到人们的喜爱，这是每个育种家都会深刻感受到的一点。

另外，比较起欧洲，日本的气候更加高温多湿，"罗莎欧丽"是来自拉丁语"东方的玫瑰"，这也是我在高温多湿的日本选拔出的能够健康开花的玫瑰系列。玫瑰曾经从欧洲来到日本，我也希望我培育的玫瑰能传播到气候类似的亚洲各国。我会把"罗莎欧丽"系列的品种更加努力、专注地培育下去。

育种实验中的玫瑰。

让日本的玫瑰走向世界的愿望应该不再遥不可及。

（New Rose 编辑长 玉置一裕）

我们到底是以什么标准来选择玫瑰呢？花色、花形、香气、四季开花性，还是抗病性、长势等植株的生活习性？或许包含这所有方面的玫瑰的整体氛围，才是最重要的。在盛开的玫瑰花前内心受到的感动，不是能够用言语能表达的。关于能让更多爱好者容易接受的玫瑰在育种家中已经有了一个成功的定式：这就是●中型花●不一定特别浓烈但是令人愉悦的香气●独特的花色●纤细的花形●四季多次开花●叶片有小而厚的质感●枝条细软，刺少●枝条不过分伸长，株型紧凑●有一定的抗病性和生长力，强健●花名具有故事性……满足这些条件后，基本就满足了现在多数玫瑰爱好者的口味了。实际上，近来日本育种的玫瑰正是以它独特的"酷"风格而获得了很高人气。

但是，谈到强健性，我不得不说日本玫瑰跟欧洲玫瑰相比还有很大的差距。很多品种栽培起来也许并不那么糟糕，但在初期成长阶段却显出非常显著的劣势。很多品种叶片柔软纤薄，这虽然让玫瑰看起来纤柔可人，但却容易得病。

木村先生从年轻时就经历过多种玫瑰的栽培，而且与众多顾客实际接触，他培育出的玫瑰自有特色。在育种、选拔中把这些日常体会到的"条件"融会贯通到作品里，成就了他自己的玫瑰系列：美丽的花朵，再加上强健的植株性质，这就是木村先生有意识的培育出的"罗莎欧丽"。

让日本的玫瑰走向世界，这个曾经是所有日本育种家们的心愿应该已经不再遥不可及。

玫瑰的杂交

花形、花色、香气等，在头脑中想象着未来的花朵，选择它们的父本和母本，然后把父本的花粉撒到母本的雌蕊上

说到玫瑰的育种，并没有很高的技术难度，困难的是持续保持兴趣，花费年复一年的时间来管理花苗。例如春季杂交后，种子结出是在秋季，种子播下去发芽成长又要一年，所以最短也要3年时间。

而花费3年时间未必就能得到好的玫瑰新品种，这是非常需要耐心的工作。另外，上盆后的扦插苗在嫁接培育后，性质会发生改变，生长也会加快。我培育的品种都会嫁接后地栽，来考验它们的抗病性和四季开花性。

杂交之后到开始上市销售需要

经历相当长的时间，花费许多心血，但是能让人们在自己家里欣赏我培育出的品种，这对我来说是莫大的快乐。所以在本书最后我也稍稍详细地介绍一下育种的方法。

育种的基础就是孟德尔的遗传法则，以玫瑰的四季开花性为例，一季开放的玫瑰和四季开放的玫瑰交配后第一代（F1）的品种都是一季开花。四季开花性其实是一种隐性基因，不会显示出来的。但是第二次交配后（F2）大约有3∶1的比例会显现出来四季开花性。把具有四季开花性的品种彼此进行第三次杂交（F3），四季开花性就会固

定下来。所以一季开花的玫瑰想得到四季开花的后代，需要三代（F3）才能固定化。育种上的岁月这样算下来大约需要10年。让一季开花的古典玫瑰具备四季开花的特性，单纯计算下来就需要十年时间，但是花形、株型、香气又会出现别的问题。选拔自己理想的品种，做出自己的系列，简单来说就是上述的这个过程。

玫瑰是由各种品种复杂交配而成，往往不能像计算好的那样进展。只有尝试才会有结果，这也是无论是对于专业的还是业余的育种家来说，都可以体会到的最大魅力。

1 选择开放了五成以上程度的母本。

2 取下花瓣，这时注意不要伤到花蕊。

3 雌蕊的周围是雄蕊，雌蕊多为淡色。

4 留下中心的雌蕊，把周围的雄蕊用手指拔掉。

5 选择父本时，选择开放半日左右花粉还没有掉落的花。

6 把父本雄蕊上的花粉满满沾到母本的雌蕊上。

7 授粉成功后，雌蕊的颜色发生变化。

8 在枝条上挂上标签，写好杂交亲本（母本、父本的顺序）。

9 把湿巾从中间剪开。

10 用湿巾把花茎夹住两端交叉向上扭转，用园艺绑带扎好。

11 湿巾透气性好，也有保湿力。

12 防止交杂的保护罩完成。

※还没有接触到空气前，雄蕊上的花粉是不会出来的，不用过分紧张。

※为了让母本结出饱满的种子，要除掉笋芽和叶芽。

127

播种

玫瑰是自然杂交也容易产生新品种的植物。以著名的'法兰西'为代表，早期的现代玫瑰多数都是从种植在邻近的玫瑰彼此杂交得到的实生苗中选拔出的品种。如果您家的玫瑰结出果实，不妨播种来看看，也许会长出独特的品种来。

玫瑰的播种

1 杂交过后，经过 5~6 个月种子成熟（10—11月），采收果实。

※"玫瑰之家"10月初采集种子，剥开果皮，把带毛的种子放入筛子筛洗。除去茸毛后，用拧干的湿布包好种子，放入拉链袋，再放到冰箱冷藏室里冷藏2个月左右。

2 把果实剥开，取出种子。

3 这一粒粒种子里将来可能会诞生出名花。

4 秋季至次年元旦时，在育苗盆里撒上 3~4cm 厚的种植土，再撒上 3~4cm 厚的赤玉土，播种。

5 种子上面覆盖 1cm 左右的小粒赤玉土。

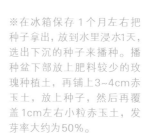

6 充分浇水，放在屋檐下等不会受到雨雪的地方保管。

※在冰箱保存 1 个月左右把种子拿出，放到水里浸水1天，选出下沉的种子来播种。播种盆下部放上肥料较少的玫瑰种植土，再铺上 3~4cm 赤玉土，放上种子，然后再覆盖 1cm 左右小粒赤玉土，发芽率大约为50%。

— column 专栏 —

玫瑰最初开放的瞬间

秋季采收的种子在冬季播种后，5 月上旬会开出花来。从播种到第一次开花这个阶段能够了解到的是花瓣的颜色和形状。杂交后的玫瑰和人一样，即使父母相同，也不会开出同样的花来。玫瑰最初开花的时候，是无比奇妙、无比快乐的时刻。